U0351822

北极精灵

—— 科学家考察手记

位梦华　著

人民文学出版社　天天出版社

图书在版编目（CIP）数据

北极精灵：科学家考察手记 / 位梦华著. -- 北京：天天出
版社，2020.6

ISBN 978-7-5016-1599-5

Ⅰ.①北… Ⅱ.①位… Ⅲ.①北极－生物－少儿读物
Ⅳ.①Q151.6-49

中国版本图书馆CIP数据核字(2020)第033798号

责任编辑：马晓冉　　　　　　　　　美术编辑：温艾凝
责任印制：康远超　张　璞

出版发行：天天出版社有限责任公司
地址：北京市东城区东中街42号　　　　邮编：100027
市场部：010-64169902　　　　　　　　传真：010-64169902
网址：http://www.tiantianpublishing.com
邮箱：tiantiancbs@163.com

印刷：保定市中画美凯印刷有限公司　　经销：全国新华书店等
开本：880×1320　1/32　　　　　　　　印张：4.375
版次：2020年6月北京第1版　　　印次：2020年6月第1次印刷
字数：62千字　　　　　　　　　　　印数：1-10,000 册

书号：978-7-5016-1599-5　　　　　　定价：25.00 元

序言

什么是精灵？大家也许看过动画片《蓝精灵》，它们生活在绿色的森林里，活泼又聪明，调皮又机灵，自由自在，勇敢善良，互相关心，互相帮助，快乐地生活着。但是，那样的蓝精灵，实际上是不存在的，是想象出来的。我们要说的精灵，是指地球上所有有生命的东西，也就是生物。

那么，为什么把生物叫作"精灵"呢？我们的祖先曾经认为，万物都有灵魂。这可能是迷信，因为到目前为止，科学家还没有办法证明，灵魂是什么样子。但是，如果说，所有的生物，都有灵气，应该是没有问题的。因为，物竞天择，适者生存。任何生物，如果想在地球上活下去，必须要有自己的生存之道，也就是绝招。这种绝招，就叫作"灵气"。具有灵气的生物，就叫作"精灵"。

生命来到地球上，已经有38亿年的历史了。在如此漫长的岁月中，进化出了各种各样、稀奇古怪的生命形式，因而才有了生物的多样性。其中，最高级的生物，就是人类。人类与其他生物最根本的区别是，人类有文化，有智慧，有远见，有好奇心，而且还有永无穷尽的探索精神。其他生物，就算是最高等的灵长类，只要能吃饱肚子，能繁殖后代，就心满意足了。至于宇宙是什么样子、地球是怎么来的、明天会不会爆发世界大战、后天会不会下大雨，它们都漠不关心。

人类有好奇心，有探索精神，因而也就有了科学。科学是人类探索客观世界和主观世界的一个有始无终的过程。因为人类是生物进化的结果，也是依靠着其他生物而生存，所以对生物也就特别感兴趣。正因如此，生物科学也就成了最重要的研究领域之一。生活在南极和北极的生物，也就是南极精灵和北极精灵，特别引起了人们的好奇和关注，一是因为人们对它们了解得很少；二是因为它们生存的环境极其特殊。

那么，两极到底有些什么生物？它们是怎样在地球上最恶劣的环境中生存，并繁衍生息的呢？

2019 年，我在天天出版社出版了《南极精灵》，介绍了南极的生物，反响不错，很受欢迎。但是，地球有两个极，我们不能只知其一，不知其二，只说南极，不说北极。而且，北极的精灵，要比南极丰富得多，也有趣得多。于是，我决定再介绍一下北极的精灵。

可是，北极的精灵，实在是太多了，洋洋大观，不计其数，千奇百怪，不胜枚举，一本小册子不可能面面俱到，只能选几个有代表性的精灵加以介绍，以飨读者。是为序。

目 录

北极植物与核冬天

　　无论是从阿拉斯加的安克雷奇，还是从加拿大的丘吉尔港，如果乘上飞机往北飞，都可以看到一种奇特的现象，那就是脚下的森林都是针叶林，而且愈来愈矮，愈来愈稀，最终完全消失。这一分界线，就叫作树线，大约就在北极圈附近徘徊。再往北去，脚下则变成光秃秃的一片，这就是苔原带。因为南纬 60° 以南，直到南极大陆边缘，都是海洋，既无亚南极森林，更无南极苔原。所以，泰加林带和北极苔原带，就成了北半球独一无二的景观。

　　苔原之所以奇特，皆因寒冷所致。冬天一片白茫茫，没有一点生气。但是，一到夏天，冰雪完全消融，苔原便显出了其无穷的生机和活力。若从飞机上看下去，你会发现，有的地方阡陌交织，布局整齐，就像是千亩良田；有的地方，圆丘高隆，犹如山岭，却并非岩石，而是透明的冰丘；有的地方，湖泊连片，河流纵横，就像是人工建造的灌溉系统，却并非人为，而是大自然的杰作；还有的地方，河道弯曲，圆环成片，排列规则，一个连着一个，仿佛是在苍茫的大地上泼墨挥毫，随心所欲，勾画出了一幅巨大的水墨画似的。

一天下午，我正在小木屋里埋头写东西，忽然有人敲门。"请进！"我说了一句，继续敲计算机。等了一会儿，没有动静，我起身开门一看，不禁吃了一惊，外面站着一个陌生的女士，她的身体，比我住的小木屋的门还要宽，所以站在那里，望门兴叹，颇犯犹豫。见此情况，我赶紧迎了出去，主动和她打招呼。她笑着说道："我是爱丽斯·巴德菲尔博士，你是位博士吧？是朗格博士让我来找你的！"

"哦，朗格博士，"我握住她的手，笑着问道，"她在哪里？"

"她在纽约。"爱丽斯·巴德菲尔博士挪动着肥胖的身体，两条腿似乎不堪重负，她拢了一下头发，进一步解释，"不过，她是研究人类两性关系的，我是研究植物的。"

"哦，真的？"我微微点头，半开玩笑地说，"物以稀为贵，在这里研究动物的很多，你是我遇到的第一个研究植物的科学家。你是研究哪一个领域的？"

"你知道，"爱丽斯·巴德菲尔博士非常坦诚地说，"植物也有两性问题。朗格博士研究人类的两性问题，我研究植物的两性问题，所以我们两个志同道合，非常熟悉。"

"植物的两性问题？"我觉得非常新鲜，第一次听说，笑着问道，"我是搞地质的，对植物一窍不通，朗格博士为什么让你来找我？"

"是这样的。"爱丽斯·巴德菲尔博士微笑着解释，"我本来是在哈佛大学教植物分子学，现在不干了，想筹建一个私人植物博物馆。我想采集一些北极的植物标本，但我对这里不熟悉，一个人没有办法出野外，朗格博士让我来找你，说你也许可以帮助我。"

我心中暗暗埋怨：朗格这个家伙，不打招呼，就给我布置任务。但是又想到，爱丽斯·巴德菲尔博士也确实需要帮助，像她这样的身体，一个人到野外，是非常困难的。而且，我对爱丽斯·巴德菲尔博士的研究也非常感兴趣。于是，我痛快地答应她："好的！没有问题！"

"太好啦！"爱丽斯·巴德菲尔博士高兴地给了我一个大大的拥抱。

我驾着四轮摩托，在水墨画似的北极草原上奔跑，后面的架子上，坐着爱丽斯·巴德菲尔博士。她体重大约一百千克，有她坐在后面，四轮摩托跑起来，就要稳当得多。

按照爱丽斯·巴德菲尔博士的指令，我把摩托停了下来，面前是一大片地衣。她艰难地弯下腰去，扒拉着地衣，抬起头来问道："你到过南极，对吧？"

"是的。"我点了点头。

"南极和北极共有的植物，大概只有苔藓和地衣。"爱丽斯·巴德菲尔博士干脆坐到了地上，像是给学生讲课似的，望着茫茫的草原说，"既然它们能在如此恶劣的环境中生存下来，那就说明，它们有共同之处。"

"我认为，"我贸然插话，"地衣和苔藓的共同之处就在于，它们都是地球上最古老、最原始的植物。"

"不！"爱丽斯·巴德菲尔博士抚摸着地毯般的地衣，仿佛是抚摸着自己的孩子，温情地说，"和藻类相比，地衣和苔藓，已经算是高等植物了。特别是苔藓，虽然还是以无性繁殖为主，但已经可以有性繁殖了。"

"不过，"我觉得爱丽斯·巴德菲尔博士三句话不离本行，笑着反驳说，"地衣和苔藓的功绩，不在于有性繁殖和无性繁殖，而在于它们开疆拓土，改造空气。"

"是的。"爱丽斯·巴德菲尔博士也许是出于礼貌，点头表示同意。我觉得有点冷，于是发动了马达，放出了一些热气，靠在摩托上说："地衣和苔藓，是生物进化过程中非常重要的角色，它们是生物从海洋扩散到陆地上的先驱。"

"是的，"爱丽斯·巴德菲尔博士大概也觉得坐在地上有点凉了，她慢慢地站了起来，坐到了四轮摩托的架子上，指着地衣说，"地衣虽然生长极慢，但在千百万甚至几亿年的漫长岁月里，它有足够的时间蔓延开来，繁衍生息。它们不仅能分泌出一些特殊的化学物质，将岩石表面分解成微小的砂粒，进而形成了土壤。而且，它们死后腐烂分解，又形成了肥料，从而为苔藓的生长奠定了基础。而苔藓一旦生成，其光合作用和生长速率都要快得多。于是，它们便联合起来，大量地开疆拓土，终于使原本到处岩石裸露的陆地，渐渐地披上了一层新绿。就这样，地衣和苔藓，以其坚韧不拔的顽强精神，与阳光和风雨一起，将坚硬的岩石由大变小，由粗化细，变成了土壤，为植物的进化创造了条件。"

"所以，"我说，"我们应该感谢地衣和苔藓！"

"当然！"爱丽斯·巴德菲尔博士被摩托的热气吹着，暖烘烘的，脸上冒出了汗珠。她把大衣的扣子解开，呼哧呼哧地喘着粗气，大声说，"在地球形成的初期，原始大气中是没有氧气的，只有氨气、氢气、甲烷、一氧化碳、二氧化碳、硫化氢和大量的水蒸气。所以，那时高空中也没有臭氧层。科学家们把这种大气，叫作还原性大气。很明显，在这样的大气中，动物是没办法生存的。大自然首先把植物派遣到地球上来，正是由于海洋里的藻类和陆地上的苔藓、地衣这些能进行光合作用的生物的共同努力，产生出了大量的氧气，改造了原始空气的成分，为生命的进一步演化准备了物质基础。科学家们把这种含氧的大气，叫作氧化性大气。这也正是我们今天得以生存的最基本的条件和物质基础。"

"北极有多少种地衣？"我问道。

"北极地区，共有三千多种地衣，分布在不同区域。"

爱丽斯·巴德菲尔博士大概觉得脚有点凉，她从摩托上跳了下来，在地上转来转去，"虽然这些地衣，与它们早期的祖先，已经不大一样了，却仍然一脉相承，成为维系生态平衡的基础。有一种枝状地衣，甚至可以长到十五厘米高，密密麻麻，连成一片，为驯鹿越冬准备了口粮，因而有人误称之为驯鹿苔藓，实际上是错的。"

"苔藓呢？"我刨根问底。

"北极的苔藓，"爱丽斯·巴德菲尔博士望着远处，不紧不慢地说，"共有五百多种，在大大小小的土丘上和密密麻麻的草丛中，到处可以看到它们的踪迹。就生物进化而言，苔藓比地衣高了一等，因为它自身就可以固着在物体上进行光合作用，呈现出鲜艳的绿色；地衣则需要真菌和藻类两种生物共生，而且有各种不同的颜色。"

说到这里，爱丽斯·巴德菲尔博士忽然想起了什么，她停了一会儿，接着又大发议论："说到渺小与平凡，人们总爱用小草做比喻。实际上，相对于地衣和苔藓，小草简直可以称作大树了。地衣和苔藓是地球最初生命的制造者，并且至今还充当着北极生物链中最基本的一环。由此可见，正如那些最基层的劳苦大众，构成了人类社会的基础一样，那些最原始的生物，例如细菌、藻类和地衣，才是构成地球上生命大厦的基石。"说着，她把手一挥，指挥千军万马似的，大声吼道，"继续前进！"

四轮摩托在草原上左旋右转，上下颠簸。这一带的地下，都是永久性的冻土层，只有地表，每年夏天才能融化薄薄的一层。这样的一冻一化，反复重复，久而久之，就形成了这样一些坑坑洼洼、土丘连片、起伏连绵、沟壑纵横的地貌景观。而且，融化的雪水，渗透不下去，就造成了千湖万河的流水系统。正因如此，想要在地面上行进，是非常困难的。

实际上，苔原并不单是苔藓的天下，而是长满了千奇百怪的植物。"这是韧草。"一条小溪挡住了我们的去路。爱丽斯·巴德菲尔博士指着溪边的草地说，"其实，在苔原上分布最广的植物，并不是苔藓，而是韧草，有点像亚热带的茅草，但比茅草更矮小纤细。它们大量生长在沼泽地区，并不开花结果，而是利用根茎往外扩展，盘根错节，在冻土之上形成一层薄薄的草皮，踏上去很松软，富有弹性，就像是走在地毯上似的。有些地方叶子葱绿，有些地方叶子绯红，茫茫一片，编织出各种美妙的图案。"

"北极最具代表性的植物是什么？"我终于碰到了一个植物学家，不失时机地向她求教。

"北极具有代表性的植物，"爱丽斯·巴德菲尔博士不假思索，背书似的，"是杨柳科、十字花科和蔷薇科等，大多为多年生，主要是靠根茎扩展的无性繁殖。因为生长期很短，来不及按部就班地完成发芽、开花、结果、成熟这样一个复杂的周期。例如，蒲公英的花蕊，来不及授精，就可发育为成活的种子；还有北极棉花，每一颗都顶着一个小小的绒球，白白的一片，像是散落在苔原上的无数珍珠，实际上，它们就是用这些小球，来保护自己的种子免受冻害的。在茫茫无边的北极草原上，没有树木，只有草本植物和苔藓、地衣，偶尔可以看到少量的灌木。特别值得一提的是，苔藓地衣层，在群落中起着十分特殊的作用，因为灌木和草本植物根、茎的基部，以及更新的嫩芽，都隐藏在这一层，它们受到了很好的保护。"

"南极没有开花植物，"我说，"北极的开花植物却很多。"

"是的，"爱丽斯·巴德菲尔博士指着草丛里的花朵说，"北极的开花植物，往往具有大型鲜艳的花朵，例如勿忘草、北极罂粟和蝇子草的花朵，都很鲜艳。特别是北极罂粟，在十几厘米高的纤细的花梗上，顶着一朵朵茶杯形黄花，显得格外突出。而且，这里多数植物，都是常绿植物，如小灌木，还有喇叭花、岩高兰，以及越橘和酸果蔓等，即使在冰雪之中，也能保持葱绿。这主要是为了节约时间，只要春天一到，立即就可以进行光合作用，用不着等待新的叶子长出来。正因如此，北极的夏天，当你漫步在苔原上时，才能享受到鲜花盛开、清香扑鼻、鸟语婉转的绚丽景色，这都是大自然慷慨的馈赠。

"你注意到了吗？"爱丽斯·巴德菲尔博士沿着小溪，似乎在寻找什么，她继续说着，"北极植物，还有一个共同特点，就是矮小、匍匐、垫状生长。这不仅可以尽量多地吸收地面反射的热量，而且还可以有效地抵御寒风的吹袭。例如北极的柳树，还有在加拿大北部偶尔可以看到的黑鱼鳞松，都是纤细矮小，紧紧地贴在地面上。而在世界其他地区，柳树和松树，都是挺拔的高大乔木。"

"生物都是环境的产物！"我摘下了一片北极柳的叶子，含在嘴里咀嚼着，有一点酸甜苦涩的味道。

"完全正确！"爱丽斯·巴德菲尔博士拔起了一棵贴着地皮的北极柳，掏出了放大镜仔细地观察了一会儿，抬起头来看着我说，"北极的严寒，对于各类植物，都是一种非常残酷的制约因素。这迫使它们生长得极其缓慢，如北极柳，一年只能生长几毫米。"

"这些植物虽然生长得非常缓慢，"我指着小溪边低矮的灌木丛说，"它们对北极的环境、气候、生物和全球的生态平衡，都是非常重要的！"

"当然！"爱丽斯·巴德菲尔博士把北极柳小心翼翼地放进了制作标本的夹板里夹好，说道，"在环北极地区，包括欧亚大陆北部和北美洲树线以北的广大地区，共有近一千三百万平方千米的苔原带，约等于全球陆地面积的十分之一，其重要地位可想而知。而且，苔原带的魔力，不仅仅在于这些植物千奇百怪的生存方式，还在于在这广阔的冻土带中，埋藏着大量的固态碳，因而对全球的温室效应，有巨大的潜在影响。如果这些碳变成二氧化碳释放出来，则能使温室效应大大提速，其后果将是难以预料的。"

"所以，"我说，"北极植物是非常重要的。"

"实际上，"爱丽斯·巴德菲尔博士意犹未尽，她爬到了四轮摩托的架子上，往远处望了一眼，继续侃侃而谈，"自然界也遵循着'天生我才必有用'的规律。植物的重要用途之一，是为动物的出现和进化准备口粮。因为，只有植物，才能够通过光合作用，将来自太阳的能量及来自地球的水分和无机物，转化成有机物和蛋白质，为生命的演化奠定基础。它们死了以后，身体又变成了肥料，真可以说是默默奉献、大公无私，以自己的生命和身躯，奠定了生命大厦的基础。"

除了那棵北极柳，我们还采集了一些其他植物标本，可以说是满载而归。忽然，从海边的方向传来了几声枪响，爱丽斯·巴德菲尔博士马上紧张起来，问道："为什么打枪？出了什么事？"

"可能是来了北极熊。"我望着海边说。

"啊？"爱丽斯·巴德菲尔博士一听，更害怕了，心急火燎地问道，"我们怎么办？北极熊会不会被赶到我们这里来啊？"

"不会的。"我笑着安慰她说，"北极熊一般不会到草原上来，因纽特人会把它们赶到海里去。"

　　"不过没关系。"她大概觉得，刚才过于紧张了，大惊小怪，有失风度，于是说道，"如果北极熊来了，你先走，我来对付它！"

　　"哦？"我以为她学过武术，或者有什么药剂，例如辣椒水或迷魂药之类的，可以出奇制胜，急忙问道，"你能制服北极熊？"

　　"咳！很简单！"爱丽斯·巴德菲尔博士摇晃着身体，指着自己的鼻子说，"北极熊一顿能吃五十多千克的肉。我的体重有一百千克，剔去骨头，至少也有八十千克，足够北极熊吃一顿的啦！"我听了以后，忍不住哈哈大笑，赶紧扶着她，坐到四轮摩托上。

　　回到了实验室，爱丽斯·巴德菲尔博士对我的帮助再三表示谢意，专门煮了咖啡招待我。我谢绝了她的好意，说我不能喝咖啡。回到了小木屋，我自己泡了一杯茶。刚刚坐下，爱丽斯·巴德菲尔博士跟了进来，费了好大的劲，好不容易挤进门来，坐到了椅子上。那把椅子本来就很老，已经非常破旧，在她的重压下开始吱吱作响。她怕椅子承受不住，干脆坐到了床上。她默默地喝着咖啡，似乎在思考着什么问题。我知道她有话要说，但也不便贸然发问，以免失礼。

爱丽斯·巴德菲尔博士坐在那里，喝了几口咖啡，忽然抬起头来，直直地盯着我，神秘兮兮地说："位博士，我要告诉你一个秘密。"

"啊？什么秘密啊？"我没有太当真，因为朗格博士就喜欢搞恶作剧，我想她也许会开个玩笑之类的。

但是，爱丽斯·巴德菲尔博士一本正经，非常严肃，她凑了过来，压低了声音说道："你知道，有人设想，可以用宇宙飞船，把地衣带到拥有还原性大气的其他星球，例如月亮和火星，让它们在那上面安家落户，生长繁殖。等到产生出足够多的氧气之后，也许就可以演化出其他更高级的生物。或者，当那些星球上的大气成分，改造得和地球上的空气成分差不多时，人类就可以到那些星球上去旅游，甚至到那里去居住了。"

"是啊！"我说，"是有人这么设想，但现在还是幻想！"

"不过，"她睁大了眼睛，转动着眼珠，煞有介事地说，"当务之急是拯救地球，这可不是科幻！"

"你是说……"我没有明白她的意思。

"战争！"爱丽斯·巴德菲尔博士从床上跳了下来，挥动着双臂，就像是战争已经爆发了似的，慷慨激昂地说，"下一次世界大战，肯定是核大战。而核大战一旦爆发，大量地使用核武器，必然造成核爆炸。核爆炸的巨大能量，将大量的烟尘炸飞起来，注入大气，有的甚至进入平流层。而那些烟尘的微粒，大部分能在高空停留数天乃至一年以上。它们的平均直径小于红外波长（约十微米），对从太阳来的可见光辐射有较强的吸收力，而对地面向外的红外光辐射吸收力却很差，结果就导致了高层大气温度上升，地表温度下降，产生了与温室效应相反的作用，使地表呈现出如寒冬般的景象，称为核冬天。"

"这我知道。"我微微一笑，不以为然，低声问道，"这与北极，特别是北极的植物，有什么关系啊？"

"怎么没有关系！"巴德菲尔博士皱着眉头，握紧拳头，像是要和我打拳击似的，激动地说，"首先，如果爆发核大战，对北极可能影响很小，有哪个疯子，会向冰天雪地、荒无人烟的北极扔原子弹呢？其次，即使北极进入了核冬天，也没有关系，因为这里一年到头都是冬天，再冷也冷不到哪里去！"

"那么，"我一头雾水，小心翼翼地问道，"你想做什么呢？"

"我的计划是，"爱丽斯·巴德菲尔博士平静了下来，恢复了哈佛大学教授的风度，重新坐到了床上，端起咖啡杯喝了几口，继续着她的演说，"我要建一个储存库，特别高级的储存室，把收集到的北极植物标本，储藏起来。如果爆发了世界大战，进入了核冬天，其他地区的植物都死光了，或者受到了严重污染，我就可以利用北极植物的基因，尽快地恢复全球的生态！"

"了不起！"我站了起来，握住爱丽斯·巴德菲尔博士的手，由衷地赞扬说，"你真是'先天下之忧而忧，后天下之乐而乐'啊！"

可是，我在心里，又想起了汤姆·奥尔波特博士常说的那句话："凡是到北极来的人，都有点怪怪的。"

北极草莓与北极蚊子

有一天，当地居民乔治开着他的摩托艇，带着他的夫人麦琪和我的夫人李秀荣，当然还有我，在大湖上航行。我们打到了两头驯鹿，船里没有地方，只好绑在船舱外面，在水里拖着前行。开着，开着，摩托艇冲进了淤泥里，动弹不得。乔治是个急性子，一时性起，突然加大了马力。摩托艇像是被困住的猛兽，尖声吼叫着，挣扎着往前冲去。螺旋桨就像是一个搅拌机，把淤泥搅了起来。幸好，淤泥是松散的沙子，很快被螺旋桨劈开了一道大口子。摩托艇冲出了泥淖，进入了深水区。我们都松了一口气，大声欢呼起来。

摩托艇继续前进，前方出现了一道土岭。"我们到岸上去休息一会儿吧！"麦琪指着前方的土岭说，"那个地方，有许多野草莓。"

一听说有野草莓，我心里一动，立刻兴奋起来。因为我早就听说，以前的因纽特人，吃不上水果，吃不上蔬菜，只有一种野草莓，是他们唯一能够吃到的水果，但野草莓也很少。我来过北极几次，却从没看见过。所以，我兴冲冲地，很想蹿上岸去，看个究竟。但是，麦琪并不着急，慢慢吞吞地从提包里翻出了一个带有网状面罩的草帽，戴在了头上，她把胳膊也遮挡了起来，就像是一个养蜂人。

我们下了船，来到了岸上，这才知道麦琪经验老到，非常英明。大量的蚊子，从草丛中一哄而起，把我们团团围住，就像是一团密不透风的乌云。乔治习以为常，并不在乎。麦琪早有准备，就像是躲进了蚊帐里。我急于寻找野草莓，心情迫切，并没有把蚊子放在眼里。只有秀荣最倒霉，陷入了蚊子的层层包围，而她又是最招蚊子的，不知道为什么，蚊子对她总是情有独钟。不过，秀荣对北极蚊子早有领教，也掌握了一套抵御的办法。她准备了一条毛巾，抡了起来进行反击。蚊子们虽然落荒而逃，却凭借数量的优势，轮番进攻，前仆后继。我们且战且走，向土岭的深处走去。

果然，在绿草丛中，散布着一些蚕豆大小、白中透黄的果实，有些已经开始变红。我迫不及待地摘了一个，塞进了嘴里，一咬，肉很少，核很大，只有一层薄薄的皮。有一点果汁流进了嘴里，酸甜，可惜太少，仿佛是吃了一颗石榴子。

"今年这里的野草莓很少。"麦琪弯着腰，把摘到的野草莓装进一个塑料袋里，指着地上的蹄子印说，"可能都被驯鹿吃掉了！"

乔治对野草莓不感兴趣，站在岸上东张西望，指着远处说："那里有一群驯鹿！"

"有驯鹿也不能打了。"麦琪往远处望了一眼，看着乔治提醒说，"我们已经打了两头，挂在船外，再打就没地方放了。"

"我知道。"乔治闷声闷气地说，"那边有一块乌云，可能要下雪了。"

他的话音刚落，突然刮起了大风。反应最快的是那些蚊子，它们有的被吹进了湖里，有的钻进了草丛，很快就销声匿迹了。我们一看形势不妙，赶紧回到了摩托艇。乔治发动了马达，掉头往后开去。乌云盖过了头顶，绿豆大小的雪粒，借着风力横扫而过，打在脸上，针扎似的。雪粒横冲直撞，密密麻麻，编织出一个混沌的世界。

我们乘风破浪，回到了狩猎小屋，赶紧坐下来，检查各自的收获。麦琪摘了一塑料袋野草莓，宝贝似的。她把那些野草莓，倒进了塑料桶里，一边洗一边说："我要把这些野草莓洗干净，做成草莓酱，过圣诞节时再吃。这是我奶奶留下的传统。我奶奶15岁的时候，跟着父母出去打猎，收集了许多野草莓，放在一个罐子里。到了冬天，打不到猎物，没有吃的，村里陷入了饥荒。圣诞节时，全村人集合到一起，把各家仅有的食物都拿出来分享，我奶奶把那罐子野草莓酱贡献了出来，它成了最宝贵、最受欢迎的食物，每个人只能吃一口。由于饥饿，人们舍不得把种子吐出来，都咽了下去。结果，第二年春天，村子的周围，长出了许多野草莓。后来，有人打到了几头海豹，村子渡过了难关。自那以后，我奶奶每年都要收集野草莓，做成草莓酱，到圣诞节时，拿出来和大家分享。"

乔治听了麦琪的故事，默默无语，未置可否。这个故事，他已经听了不知多少遍了。因为实在太累，他斜躺在椅子上，眼睛半睁半闭，打起呼噜来。乔治一个野草莓也没有摘，但他的功劳最大，不仅打到了两头驯鹿，还驾驶着摩托艇，乘风破浪，力挽狂澜，把大家安全地带了回来。

我的收获也很大，不仅拍了许多宝贵的照片，还第一次尝到了北极野草莓的味道。只有秀荣非常倒霉，虽然也摘了一捧野草莓，给了麦琪，但她的额头上、脸上和腿上，被蚊子叮出了许多大包，又疼又痒。

夜里，秀荣痒得不停地抓耳挠腮，无法入睡。"北极的蚊子有毒。"秀荣嘟囔道，"这些包又大又硬，乒乓球似的，疼痛难忍。"

"蚊子咬人，"我安慰她说，"首先把它针管一样的嘴插进肉里，吐出唾液，稀释组织，然后再吸血。北极的蚊子个大，唾液就多，所以鼓起的包也大。但是，北极的环境干净，蚊子没有什么细菌和病毒，不会有什么传染病。"

"那可不一定！"秀荣担心地说，"我害怕它们传染艾滋病。"

"不会的！"我笑着说，"艾滋病不是通过蚊子传播的，而且北极也没有艾滋病！"

"很奇怪！"秀荣翻了个身，小声问道，"北极蚊子咬人很凶，可是它们很少进屋，就算进到屋里，也不咬人了，不知道为什么。"

"我想，"我模棱两可地猜测说，"可能是因为，北极蚊子住在野外，喜欢凉快，屋里的温度太高，它们热得受不了，所以不愿意进屋。而进到屋里以后，它们就热得喘不过气来，也就顾不得咬人了。"我刚说完，就听见秀荣打起呼噜来。

北极昆虫的绝技（一）

　　巴罗北极科学实验室，每年夏天，都会有来自世界各地的科学家住在这里，其中以研究生物的科学家居多。但是，这些生物学家，大多是研究大的生物，例如鲸鱼、北极熊、鸟类、驯鹿。我来北极许多次，在这里住了好几年，还没有碰到一个研究昆虫的，更没有研究微生物的。有一天，我和汤姆·奥尔波特博士聊起此事。他是北坡自治区的科学顾问，也是我的好朋友，是研究鲸鱼的。我问他："汤姆，你有没有接待过研究昆虫或者微生物的科学家？"

　　汤姆·奥尔波特博士听了，先是一愣，歪着脑袋想了想，说："有啊！罗曼·斯卡特博士，现在正在墨西哥餐厅端盘子。"

"哦？"我以为他在开玩笑，好奇地问道，"研究昆虫的博士，怎么会去端盘子呢？"

"找不到工作啊！"汤姆·奥尔波特博士把脸一仰，靠在椅背上，一本正经地说，"我很同情他，但是爱莫能助。"然后，他问道，"你想不想和他聊聊？罗曼·斯卡特博士是个好人。"

"好啊！"我很痛快地说，"我们到墨西哥餐厅去找他？"

"不要着急！"汤姆·奥尔波特博士冲我摆了摆手，拿起了电话说，"我先看看他在哪里。"接着开始拨号码。

一会儿，电话通了，一个低沉的声音慢慢吞吞地问道："喂！谁呀？"好像没有睡醒似的。

"罗曼，你好！我是汤姆。"汤姆·奥尔波特博士提高了嗓门，大声问道，"你在哪里？"

"你好！汤姆！"对方一下子兴奋起来，急忙回答说，

"我在家里！今天我休息！"

"我这里有个人，是一个中国科学家，很想认识你。你有没有兴趣啊？"

"有！当然有！"对方的声调激昂起来，迫不及待地说，"你在那里等着，我马上过去。"

汤姆·奥尔波特放下电话，微笑着说："你知道，到北极的人都有点怪怪的，罗曼·斯卡特博士是个好人，但是有点另类，或者说是书呆子气，对他研究的领域非常痴迷，一说起昆虫来就滔滔不绝，人们背后都叫他'昆虫罗曼'。"

"那好啊！"我笑着说，"求之不得，我会洗耳恭听！"

正说着，楼道里传来脚步声，一个人出现在门口。我一看，认识，我在墨西哥餐厅里见过。汤姆·奥尔波特博士和我都站了起来，迎了出去。"这是位博士！"汤姆·奥尔波特博士介绍说，"这是罗曼·斯卡特博士！"

罗曼·斯卡特博士先和汤姆·奥尔波特博士握手，然后转过身来，握住我的手说："哦？是你啊！我们见过！"

"好啦！"汤姆·奥尔波特博士笑着说，"你们认识啦！我的任务也完成啦！你们去谈吧！我要去开会啦！"说着摆出了送客的架势，把我们两个哄走了。

我们两个离开了办公大楼，往北极草原的方向走去。罗曼·斯卡特博士有点紧张，看来他不善交际。走了一会儿，他忽然抬起头来，看着我，有点不好意思地说："那一次，幸好你拉了我一把。如果我把盘子摔了，会被老板开除的。"

那是三年前的事。有一天我到墨西哥餐厅去吃饭，刚刚坐下，一个人端着盘子从我身边走过去，脚下一滑，差点摔倒。我一伸手，把他拉住了。那个人千恩万谢。但是因为饭馆里人很多，他很忙，我们并没有过多交谈。他就是罗曼·斯卡特博士。

"我那时候实在太忙了，"罗曼·斯卡特博士深表遗憾地说，"连你的名字也没有问清楚，非常失礼！"

"小事一桩，不必介意。"我摇了摇头，笑着说，"那时候，我做梦也没有想到，原来你是研究昆虫的博士！"

"同样地，"罗曼·斯卡特博士认真地说，"我做梦也没有想到，你是来自中国的科学家！"他说完，我们两个都哈哈大笑起来。

五月中旬的北极，冰雪刚刚开始融化，候鸟却已经飞回来了，忙于谈情说爱。我们两个，沿着一条小路往东走，那是进入北极草原的必经之路。天阴着，风不大，但很冷。罗曼·斯卡特博士穿着一身黑色的羽绒服，用帽子把头紧紧地包住。他的脸显得有点苍白，络腮胡子像一堆乱草。走着走着，他忽然问道："位博士，你看见什么了吗？"

我不明白他的意思，随口回答道："我看见了蓝天、白云、冰雪、小鸟……"

"你知道，"他打断了我的话，苦笑着说，"这就是为什么，我找不到工作，只好去端盘子！因为人们只注意大的，不注意小的。每年到巴罗来的科学家很多，有的研究鲸鱼，有的研究海豹，有的研究驯鹿，有的研究鸟类，却没有研究昆虫的。"

"为什么？"我问道。

"因为它们太小啦！"罗曼·斯卡特博士愤愤不平地说，"它们不能拿来赚钱，也没有什么知名度，没人感兴趣，也就申请不到课题。所以，我只能去端盘子！"

"原来是这样啊！"我恍然大悟，深表不平，"实际上，昆虫是非常重要的！"

"是啊！"罗曼·斯卡特博士非常同意，似乎遇到了知己，抹了一把流出来的鼻涕，打开了话匣子，"生命演化至今，就其大小和生存特征而言，可以分为三大支，即动物、植物和微生物。微生物虽然微不足道，只有在显微镜下才能看清它们的样子，却是最先来到这个星球上的生灵，因此也就是所有生命的始祖。植物虽然沉默无语，而且终生只能待在原地，却是最基本的生产者，是其他生命赖以生存的基础。由此可以猜想，就陆地生物而言，肯定应该是先有植物，后有动物的。而生物进化的顺序又总是由小到大，由简单到复杂。因此可以断定，在陆地上先出现的植物，应该是小草，然后才有大树；先出现的动物，应该是昆虫，然后才有其他更大型的动物。"

"是的！"我频频点头，随声附和道，"应该是这样的！"

"所以，"罗曼·斯卡特博士滔滔不绝，边走边说，"昆虫虽小，但不能小看它们，因为它们不仅是动物世界的先祖，而且也是生态平衡中的重要一环，为更高级的动物提供了食物。由于昆虫很小，它们备受欺负，不仅天敌很多，抵御灾害侵袭的能力也极其有限，如果没有绝招，是很难在这个世界上生存下去的。特别是生活在北极的昆虫，更是如此。"

"北极有什么昆虫啊？"我问道。我们终于切入了主题。

"在世界范围内，各种各样的昆虫有百余万种。"罗曼·斯卡特博士弯下腰去，挖开了积雪，在草丛里扒拉着，大概想找个昆虫，但没有找到，他直起腰来说，"但是，它们主要生活在热带和温带。而在北极地区，由于环境严酷，气候恶劣，昆虫的种类要少得多，总共也不过几千种，主要有苍蝇、蚊子、螨、蠓、蜘蛛和蜈蚣等。其中，苍蝇和蚊子的数量最多。奇怪的是，在北极可以看到广泛分布于热带的蝴蝶和蛾子，而一些在温带繁衍得很广的昆虫世家，例如蜻蜓、蚂蚱、蟋蟀等，在北极却渺无踪迹。"

"哎，"我灵机一动，忽然问道，"北极有蚂蚁吗？"

"没有。"罗曼·斯卡特博士困惑地摇了摇头，踢着地上的积雪，仿佛在寻找蚂蚁似的，不紧不慢地说，"你知道，在世界其他地区，蚂蚁几乎是无处不在。有人估计，如果造一个巨大的天平，把地球上所有蚂蚁放在一个盘子里，而让所有的人类站在另外一个盘子里，天平可能还会向蚂蚁一边倾斜。但是在北极，根本就看不到它们的影子。我猜想，也许是因为，蚂蚁是一种辛勤劳作不肯休息的生灵，过不惯北极漫长而寒冷的冬天只能待在窝里无所事事的清闲生活。"

"也许是因为北极太冷，"我笑着说，"蚂蚁不太喜欢的缘故吧！"

我们边走边说，来到了一个斜坡，风小了一些。罗曼·斯卡特博士个子不高，大约有一米七几，但很壮实。斜坡上的积雪很厚，他突然纵身一跳，从斜坡上滚了下去。我也一时兴起，依此照办。两个人哈哈地笑着，像小孩子滑雪似的，在积雪上留下了两条深深的印子。

"哎，"我想起了一个问题，急忙问道，"大的动物，例如兽类和鸟类，可以靠身上的长绒和羽毛抵御严寒，但是，昆虫只能赤身裸体，它们怎样才能度过北极严寒的冬季呢？"

"这是一个很有意思的问题。"罗曼·斯卡特博士趴在雪里，抬起头来看着我说，"实际上，绝大多数昆虫，在一年当中，大约有九个月的时间，身体都处在冷冻状态。它们躲在土壤、泥巴或沼泽里，和周围的物质冻结在一起。"

"可是，"我说，"就我所知，冰是一种晶体。如果昆虫的身体结晶的话，就有可能扭断它们的脉管，破坏它们的机体。"

"是的！"罗曼·斯卡特博士拿起一块冰雪，比画着说，"为了防止这一点，北极的昆虫演化出了一种绝技。它们能够自动地将细胞中的水分，减少到最低限度，从而有效地避免结晶。"

"可是，"我问道，"昆虫身体结冰了，还能呼吸吗？"

"当然不能！"罗曼·斯卡特博士摇晃着脑袋说，"它们不是冬眠，而是'冬死'，和死了没有什么区别。所以我想，如果人类也能学会北极昆虫这种绝招，不吃，不喝，也不呼吸，过一段时间解冻之后，还能活得好好的，该有多好啊！"

正说着，远处忽然响起了枪声。我赶紧拿起望远镜，对着枪响的地方望去。我看见，那里有一头北极熊被因纽特人发现了，他们正在放空枪，往海里驱赶北极熊。"不好！"我把望远镜递给罗曼·斯卡特博士，指点着说，"海边有一头北极熊。我们两个没有带枪。如果它溜达过来，就糟了！"

"是的！"罗曼·斯卡特博士举着望远镜观望着，紧张地说，"是一头很大的公熊！我们必须马上撤退！"

我们两个跌跌撞撞，一路小跑，回到了巴罗北极科学实验室。

北极昆虫的绝技（二）

　　我们回到了实验室，脱去了笨重的外套，觉得一身轻松。罗曼·斯卡特博士在实验室里巡视了一遍，指着走廊里的展柜，愤愤不平地说："我有好几年没来这里啦！还是老样子，展品都是大动物，连一个昆虫的标本也没有！"

　　"你真是三句话不离本行啊！"我一边洗手，一边说，"你先休息一下，我来做饭，我们共进晚餐！"

　　"好啊！"罗曼·斯卡特博士坐到了椅子上，用手梳理着他那乱蓬蓬的头发，笑嘻嘻地说，"早就听说，中国人做的东西很好吃。今天可以见识见识，享享口福啦！"

　　"你先不要高兴得太早！"我笑着说，"我做的东西，不一定合你的口味，等吃了再说！"

我做了一个红烧三文鱼，炒了一个青椒土豆丝，罗曼·斯卡特博士吃得津津有味，赞不绝口，连说："好吃！好吃！比墨西哥餐厅的饭好吃多啦！"

我们一面吃饭，一面聊天，话题又回到了北极昆虫。"北极昆虫，处境艰难。"罗曼·斯卡特博士喝了一口橘汁，咂了咂嘴说，"但是，有其弊也有其利，虽然寒冷的气候，对这些小小的昆虫来说，确实是非常严峻的考验，但是它们也从中得到了不小的益处。因为在这漫长的冬季当中，它们既不用担心天敌的侵扰，也不必辛辛苦苦去找东西吃，只管放心大胆地睡大觉，这是温带和热带的昆虫们永远也享受不到的福利。"

"有些动物，"我纠正他说，"例如蛇类和有些熊类，也可以冬眠。"

"但是，"罗曼·斯卡特博士立刻反驳说，"它们睡得远没有北极昆虫那么舒坦。所以我想，如果有一天，科学技术取得了重大突破，能将人类的身体冰冻起来，完好无损地保存几个月，甚至几年，不仅能为许多病人减少痛苦，而且也为那些饱食终日、无所事事、到处寻求刺激的人，提供一种更好的消磨时光的方式。如果活得不耐烦了，就可以把自己冻起来，既无痛苦，也无碍于别人。"

"现在有人正在研究这个假想实现的可能性。"我笑着说，"如果研究成功，那将是一个非常伟大的科学奇迹。"

"不过，"罗曼·斯卡特博士站了起来，思考着说，"那样的话，南极和北极可能就都会成为坟地，到处都堆满了等待治疗的病人、逃避惩罚的罪犯和悲观厌世者的冰冻的身体！"

"你先不要害怕。"看到罗曼·斯卡特博士忧心忡忡的样子，我急忙安慰他说，"现在还做不到这一点，只能是幻想。我们还是讨论北极昆虫吧！"

罗曼·斯卡特博士打了一个饱嗝，声明他来刷盘子。我也不客气，帮他把盘子泡在水池子里。他不愧是在餐馆里打工的，刷起盘子来非常内行，轻车熟路，不一会儿，就刷完了。他擦了擦手，忽然问道："你知道北极最聪明的昆虫是什么吗？"

"不知道。"我把桌子收拾干净，喝了一口茶，看着他问道，"昆虫还有聪明的吗？"

"当然！"罗曼·斯卡特博士把眼一瞪，为昆虫打抱不平，大声说道，"人类自以为聪明，自诩为最高级的生物，其实，人类的许多本领，都是从其他生物那里学来的，或者说继承下来的。例如，美国有一条法律，即钓鱼者不能钓杀一定重量以下的小鱼。这并非善心，而是为了保护鱼群的繁殖。"

"是啊！"我说，"这与北极昆虫有什么关系？"

"实际上，"罗曼·斯卡特博士在屋里走了一圈，坐到了椅子上，不紧不慢地说，"这种措施，生物界早就用上了。例如，北极的牛蝇，是一种可怕的寄生昆虫。它们将卵产在驯鹿的绒毛里，孵化出来的幼虫，会钻进驯鹿体内，顺着血管周游全身。长大之后，又回到驯鹿的脊梁骨附近，穴洞而居，还会开一个天窗，以便呼吸新鲜空气。直到长成之后，才钻到体外，进行新一轮的繁衍。按理说，小驯鹿肉嫩鲜美，又无防御能力，是最好的美食佳肴。牛蝇却从不攻击它们。因为，虽然牛蝇在小驯鹿身上产卵繁殖，要容易得多，但是，小的驯鹿遭到攻击，很容易死亡，这就有可能导致驯鹿数量锐减，甚至灭种，牛蝇也就难以生存下去了。小小的牛蝇，竟早在人类之前，就懂得如此深远的道理，且能身体力行，付诸实施，难道还不聪明吗？"

我不以为然，笑着说道："也许它们觉得小驯鹿的肉不好吃。"

罗曼·斯卡特博士对我的怀疑不置可否，继续对牛蝇的智商大加赞誉："牛蝇在每群驯鹿中产卵的数量，也有一定的限制。它们使受卵驯鹿的头数，保持在一定的比例，而且尽量避免在同一头驯鹿身上产卵过多。因为，如果在同一头驯鹿身上产卵过多，就有可能导致其死亡，或者由于体弱而被天敌吃掉，牛蝇的后代也会随之同归于尽。至于它们是怎样悟出这些深刻的道理的，那就不得而知了。"

"嗯！"我理屈词穷，点了点头说，"牛蝇确实非常聪明。"

罗曼·斯卡特博士看到我终于服输，更加神采奕奕，继续着他的演说："牛蝇虽然聪明，"他喝了一口咖啡，端着杯子不肯放下，害怕被人家抢走似的，侃侃而谈，"却并不是最可怕的。"

"什么才是北极最可怕的昆虫？"我问道。

"在北极野外工作，当然是指陆地上而言，最可怕的东西是黑蝇！"罗曼·斯卡特博士仿佛心有余悸，"它们有非常灵敏的嗅觉，老远闻到人的气味后，立刻成群结队地飞来，嗡嗡叫着，轰炸机似的，使人心惊肉跳。即使你穿着再厚的衣服也没有用，它们那钢针一般的嘴，连脚上的老皮也能叮进去，然后深深地扎进你的肉里，吸食你的血液。与此同时，还吐出一种毒液。被它们叮咬之后，人的皮肤上会凸起一个大包，肿胀疼痛，甚至溃烂。那滋味可不好受。"

"北极蚊子也很厉害！"我说，"它们成群结队，一哄而上，前仆后继，义无反顾。被它们咬了以后，鼓起的大包，像乒乓球那么大！"

"哎，"罗曼·斯卡特博士看着我，笑眯眯地问道，"你知道，在茫茫的草原上，蚊子是怎样找到攻击对象的吗？"

我摇了摇头。

罗曼·斯卡特博士有点神秘地说："与世界上其他地方相比，生活在北极的昆虫，还面临着另外一种特殊的困难，就是这里地广人稀，连动物也很稀少。那么，它们怎样才能找到攻击的对象呢？有关研究表明，蚊子身上，有一种非常先进的红外线探测器，能在相当远的距离，准确无误地遥感到人和动物身上发射出来的红外线，从而顺藤摸瓜，群起攻之。"

"不会吧？"我摇了摇头，深表怀疑，"小小的蚊子，会有那么先进的高科技？"

"你又瞧不起昆虫了。"罗曼·斯卡特博士哈哈一笑，摇晃着手里的咖啡杯，理直气壮地说，"你以为，只有人类才能制造出红外线探测器？真是大错特错了！蚊子早已有之！而且，蚊子的红外线探测器既小又灵敏，还能准确地测定猎物的位置。"

"有那么神吗？"我给他的杯子里加上一点咖啡，笑着问道。

"不仅是蚊子，"罗曼·斯卡特博士对着我点了点头，表示谢意，他喝了一口咖啡，慢条斯理地说，"北极的蛾子和蝴蝶，都有这样的本事！它们能在相距几十米甚至几千米的地方，感知到对方的存在，取得联系，然后飞到一起谈情说爱，使生物学家们瞠目结舌。所以，人们总是不把昆虫放在眼里，实在是大错而特错。就拿北极来说吧，如果没有这些昆虫，许多鸟类就断了口粮，整个生态系统还怎么维系下去呢？"

正说着，厨房里突然飞进来一只苍蝇，是一只绿头大苍蝇。罗曼·斯卡特一跃而起，右手在空中一挥，准确地把那只苍蝇捉在了手里。他攥着拳头，小心翼翼，从小拇指开始，一个个地松开指头，用左手捏住了苍蝇的翅膀。苍蝇不动弹了，可能已经窒息。他对着光亮，把苍蝇高高地举在空中，仔细地观察着，喃喃自语："这只母苍蝇怀孕了，有一肚子仔。如果能生出来，放到锅里，用油一炸，可以炒一盘好菜！"

我对苍蝇，本来就有点敏感。听他这么一说，忽然觉得一阵恶心。罗曼·斯卡特博士无暇顾及我的感受，全神贯注，像是得到了宝贝似的，仔细研究着那只苍蝇。他把苍蝇放到了桌子上，用手按住它的肚子。看到这里，我的胃里翻江倒海，怎么也控制不住。我赶紧把嘴捂住，拔腿就跑，冲进了厕所，哇的一声，刚吃下去的东西，全都吐了出来。

　　罗曼·斯卡特博士看到我狼狈的样子，顾不得研究那只苍蝇，对着我一再表示歉意。我也觉得非常尴尬，告诉他，这是生理问题，请他不要介意。罗曼·斯卡特博士难以释怀，起身告辞。

　　望着他渐渐远去的背影，我想起了汤姆·奥尔波特博士经常说的一句话："所有到北极来的人，都有点怪怪的。"

北极旅鼠实验田

在北极生态系统中，比昆虫大的动物是旅鼠。旅鼠挖洞穴居，在草丛里打游击，可以被称作"地下精灵"。

我第一次看到活的旅鼠，是在北极旅鼠实验田。

有一天，我正在写东西，格瑞格进来了，风风火火地说："位博士，走！我们去逮旅鼠。"

我一看，他手里提着一大堆老鼠夹子。格瑞格是汤姆·奥尔波特博士的助手和研究生，研究鲸鱼，正在读博士，人很好，喜欢开玩笑，经常搞点恶作剧。

"到哪里去逮旅鼠啊？"我用怀疑的目光看着他，心想这家伙估计又在搞恶作剧。

"北极大草原啊！"格瑞格往外一指，不由分说，把我拽了起来，绑架似的。格瑞格是我最好的朋友，也是对我帮助最大的人，总是有求必应。所以，对于他的话，我也只能服从。

门口停着一辆四轮摩托，已经发动了。他从走廊的墙上，摘下一支步枪，压好了子弹，坐到了驾驶的座位上。我提着那些老鼠夹子，坐到了后面的架子上。

五月下旬，北极草原仍然被冰雪覆盖，但冰雪已经开始融化了，冰盖千疮百孔。小草从冰雪下面伸出了干枯的枝叶，在寒风中瑟瑟发抖，仿佛是在呼救。格瑞格人高马大，四轮摩托在他身下，就像是个玩具车。我们在草原的冰雪上奔驰，一路颠簸，好几次我都被颠了下来，弄了一身泥水。夏天不能在草原上开四轮摩托，会把草原轧坏。所以，他要赶在冰雪完全消融之前，到草原上观察旅鼠。

"你跑这么远干什么？"我因为被颠得实在受不了，大声埋怨道。

　　"我在前面有一块试验田！"格瑞格头也不回地解释，"你再坚持一会儿！很快就到了！"

　　"研究旅鼠还要试验田？"我以为他是在开玩笑。

　　"当然啦！"格瑞格回过头来看了我一眼，理直气壮地说，"到了那里，你就知道啦！"

　　我一个人到北极草原，都是步行，从来没有走过这么远。我们两个开着摩托，颠簸了半个多小时，终于来到了草原深处。前面是一个大斜坡，四轮摩托顺坡而下，越来越快。格瑞格来了一个急刹车，四轮摩托来了一个前滚翻，我和格瑞格措手不及，都被甩了出去，跌进了厚厚的积雪里，几乎遭到了灭顶之灾。我本来就被颠得腰酸腿痛，现在又被摔得迷迷糊糊，躺在软绵绵的积雪上一动不动。可把格瑞格吓坏了。他急忙从积雪里爬了出来，冲着我喊道："怎么样，位博士？有没有受伤？没有把你摔坏吧？"说着，他把我从积雪里拽了出来。

　　我晕晕乎乎，东倒西歪，龇牙咧嘴地说："幸好这里的积雪很厚。否则的话，我们两个都得头破血流！"

"对不起！"格瑞格赶紧赔礼道歉，"这里坡度太陡，控制不住，实在不好意思！"说着，他赶紧扶着我，在地上转了一圈，看到没有什么问题，这才放心了，指着周围说："这就是我的试验田。"

我向四周望了一眼，略带讥讽地问道："你想试验什么啊？想在这里种菜还是养猪？"

"试验旅鼠啊！"格瑞格解开了羽绒服的扣子，可能有点热了，他接过了我手里的老鼠夹子，稀里哗啦地摇晃着说，"这里三面是海，围着一块陆地，南面有一个湖，几乎是封闭的。你知道，人们把旅鼠说得神乎其神，却拿不出实际数据。我想在这里做个实验，看看是不是那么回事。"

"这里面积有多大？"我问他，"你想怎么试验？"

"这块陆地，大约有五平方千米。"格瑞格环视着四周说，"可能生活着几百只，也许上千只旅鼠。众所周知，北极旅鼠是一种神秘莫测的哺育动物，却有极强的繁殖能力，一年能生七八胎，每胎最多可生十二只，幼崽只需二十到四十天即可成熟，开始生育。如果放开繁殖，从三月份的两只，到八月底九月初，就会变成百万只的庞大队伍，仿佛突然从天而降，挪威人曾误认为天上会下'旅鼠雨'。可是，这些都是传说，没有人仔细地研究过。"

"你想怎么做？"我对他的研究很感兴趣。

格瑞格没有回答我的提问，他忽然想起了什么，跳了起来，抓起摩托架子上的老鼠夹子，大声吩咐说："对不起！帮帮我！我们先把这些老鼠夹子布置好，你往东，我往西，每隔十几步放一个，支起来，然后守株待兔，看看能逮到几只！"说着，他把那些老鼠夹子分开来，他拿了十个，给了我十个。然后，我们两个各奔东西，分头去布置老鼠夹子。布置完了以后，回到四轮摩托这里，我们都累得气喘吁吁。

"下一步干什么？"我坐到四轮摩托的架子上，看着格瑞格问道。

"休息！"格瑞格悠闲地在雪地上走来走去，仿佛在盘算着什么。他看了看手腕上的表，胸有成竹地说，"再过一个小时，我们去收夹子。"

"你这样做，有什么意义啊？"我好奇地问道。

"是这样的，"格瑞格斜靠在四轮摩托上，向放老鼠夹子的地方望了一眼，笑了笑说，"我在这块试验田大体同一个地方，布置数量相同的老鼠夹子，每个月相同的时间来观察一次。把每次逮到的旅鼠的数量，其中有几只公的，几只母的，几只老的，几只小的，以及它们大体的年龄，记录下来。这样，几年下来，就可以推算出，这个试验田里，可能有多少旅鼠，年龄分布情况，出生率是多少，以及它们的健康状况、繁殖效率和数量增加或者减少的趋势。"

"很好！"我对着格瑞格竖起了大拇指，大声赞扬说，"你这个想法很好！做了几年啦？"

"今年刚刚开始。"格瑞格肩膀一耸，把嘴一撇说，"你是我这个项目的第一个支持者和参与者。"

"我很荣幸!"我笑着问道,"你这个研究项目要搞几年啊?"

"这个项目不需要经费。"格瑞格听了嘿嘿一笑,若有所思地解释说,"是我自己想出来的,得到了汤姆·奥尔波特博士的支持。我每个月来收集一次资料。只要有可能,就可以一直做下去。我想,十几年以后,就可以解答一些有关旅鼠的问题。例如,当数量多到一定程度时,它们的毛色会不会变成橘红色?当数量继续增加时,它们会不会集合起来往海边迁移,从而出现所谓的'旅鼠自杀'现象?"

"说实话,"我听了格瑞格的设想,开诚布公地说,"对于'旅鼠自杀'的传说,我也有点怀疑。小小的旅鼠,怎么会有那么高的智商呢?"

格瑞格严肃地看着我,认真地说:"'旅鼠自杀'这种说法,也许是有问题的,但大自然确实存在自我修复的能力。例如鲸鱼，由于大量捕杀，数量大大减少了。研究发现，鲸鱼交配和产仔的时间都提前了，以增加个体的数量。这就是为什么汤姆·奥尔波特博士支持我研究旅鼠，我们想看看这些现象之间，有没有什么内在的联系。"

"这也许只是个别的现象。"我不以为然地说。

"不！"格瑞格微微一笑，缓慢地摇了摇头，郑重其事地说，"实际上这并非旅鼠特有的现象，在严酷条件下生存的其他一些小动物，其种群数量也会出现类似的周期性变化。"

"动物多一点没有关系。"我半开玩笑地说，"关键是人类，现在有七十多亿，再过三十年，就会有九十亿，地球就这么大，不会再长大了，资源还越来越少。可人类既不会集体自杀，也不愿意实行计划生育，地球即使有自我修复的能力，拿人类也毫无办法。"

"不对啊！"格瑞格马上反驳说，"大自然对人类照样也是有约束的，例如战争、疾病、自然灾害、病毒，等等，都可能是地球修复能力在发挥作用，制约着人类的数量。"

我俩就地球的自我修复能力讨论得热火朝天，正说着，远处忽然传来了吱吱的惨叫声。格瑞格一看表，站了起来说："时间到了！"我们两个拔腿就跑。结果是，我逮到了三只，他逮到了两只。那些可怜的旅鼠，有的被夹断了腿，有的被夹伤了脖子，有的还在拼命挣扎，有的已经停止了呼吸。

我们把老鼠夹子连同夹到的旅鼠，摆在雪地上，拍了几张照片。格瑞格端详着这些可怜的旅鼠，似乎有些悔意，他看着它们解释说："实际上，旅鼠并不是每年都大量繁殖，而是有节制的，并且有大年和小年之分，大约四年左右一个周期。在平常年份，它们只进行少量繁殖，使其数量稍有增长。而在小年，它们的计划生育很严，甚至可以使其数量保持不变。只有到了大年，当气候适宜、食物富足时，它们才会大量繁殖，使其数量急剧膨胀。一旦达到一定的密度，例如一公顷有几百只以后，奇怪的现象就发生了，几乎所有的旅鼠，一下子都变得焦躁不安起来，吵吵嚷嚷，东跑西窜，不再胆小怕事，恰恰相反，在任何天敌面前，都显得勇敢异常，无所畏惧，具有明显的挑衅性，甚至会主动进攻，真有点天不怕地不怕的样子。更加难以解释的是，这时候，连它们的毛色也会发生明显的变化，由灰黑的保护色，变成鲜艳的橘红色，使其目标变得特别明显和突出。"

"你看见过变成橘红色的旅鼠吗？"我问格瑞格。

"没有。"他摇了摇头说，"我只是看到过别人拍的照片。关于'旅鼠自杀'，有一种说法是：在种群爆发时，不能挑战原有栖息地霸主们的旅鼠被迫流离失所，于是它们慌乱地四处寻找新的栖息地。与其说这是有组织的迁徙，不如说这是集体大混乱。由于旅鼠跋涉的路途中常要穿过宽阔的水面，著名的'集体赴死'场面就出现了。事实上，足够强壮的旅鼠游到了对岸，最终找到了新的家园，而总有些不够强壮的倒霉蛋，在游泳的过程中耗尽了体力，因此溺死、冻死。"

我看着地上的旅鼠说："这倒是个合理的解释。"

格瑞格抬起头来，瞭望着大草原，大概有点冷，他跺着双脚，搓着手说："不过，我想，如果从生态平衡的观点出发，也许还可做如下解释：旅鼠是北极生态系统极其重要的一环，是许多鸟类，如猫头鹰和海鸥等，还有兽类，如鼬鼠和狐狸等的食物，如果它们的数量太少，就会威胁到生态平衡。但是，另一方面，北极植物长得很慢，旅鼠靠吃草根和草叶为生，如果数量太多，把草吃光，同样会威胁到北极的生态平衡，驯鹿等食草动物就会挨饿。于是，大自然便赋予旅鼠两种特异功能：一是具有超强的繁殖能力，以便为其他动物提供足够的口粮；二是当数量太多，超过一定限度时，就会发生'旅鼠自杀'，以便减少它们的数量。不仅旅鼠，北极狐也是如此。旅鼠多时，狐狸因为食物充足而大量繁殖。当狐狸的数量多到一定程度，威胁到生态平衡时，就会得一种怪病，叫'狂舞病'，得病的狐狸会拼命地跳舞，直到累死为止。由此可见，大自然的规律有多么严酷！"

忽然，一只旅鼠从地下钻了出来，一看外面有人，急忙转身想钻回去。格瑞格眼疾手快，跳了起来，一脚踩住了它钻出来的洞口。旅鼠慌不择路，跳上了他的皮靴子，钻进了他的裤腿里，在里面吱吱叫着，乱抓，乱咬。可把格瑞格吓坏了，因为害怕旅鼠身上带有狂犬病毒，急得他又跳又叫，手舞足蹈，费了好大的劲，才把旅鼠揪了出来。幸好，他穿着很厚的裤子，没有被旅鼠咬伤。可是，因为他用力过猛，旅鼠窒息而亡。他把这只旅鼠和其他旅鼠摆在一起，摘下帽子，深深地鞠了一躬，假装沉痛地说："对不起！为了揭开旅鼠的奥秘，你们几个只好捐出宝贵的生命！"

鸟类学家戴克兰

在巴罗北极科学实验室，我认识了许多鸟类学家，有的研究大雁，有的研究天鹅，有的研究瓣蹼鹬，有的研究金翅雀。但是，只有一个鸟类学家，给我留下的印象最为深刻，他就是戴克兰。

戴克兰，不是研究某种鸟类，而是研究所有鸟类；不是了解某种鸟类，而是了解所有鸟类。所以我认为，戴克兰才是真正的鸟类学家。不过，我已经有许多年没有见到戴克兰了，因为他孑身一人，无牵无挂，就像一只神鸟，自由自在，在地球上到处游荡。1991 年，我第一次到北极考察时认识了戴克兰。直到 2005 年，我第九次孤身来到北极，有一天早晨，我走出居住的小木屋"北京饭店"，看见一个人跪在地上，正在吃力地捆绑一只巨大的海鸥。我出于好奇，走了过去，仔细一看，立刻惊叫起来："是你，戴克兰！"

"是你，位博士！"戴克兰慌忙起身，大海鸥趁机挣脱，飞了起来。幸好腿上还拴着一根绳子，戴克兰用力一拽，我们两个把它按住，戴克兰在那只海鸥的腿上，装上了一个小铁环，里面有一个芯片，才把海鸥放飞了。他专注地盯着那只海鸥在空中展翅高飞，渐渐远去，嘴里喃喃地嘟囔着："飞吧！飞吧！整个天空都是你的啦！"直到海鸥消失得无影无踪，他才回过头来，愣愣地看着我，想了一会儿，才点了点头说，"噢！我们是在草原上认识的！"

"是啊！"我笑着说，"那是 1991 年，我独闯北极，有一天在北极草原考察，把一只正在孵蛋的瓣蹼鹬吓飞了。你从旁边的草丛里跳了出来，把我吓了一大跳。你气急败坏，冲着我大喊大叫，说你正在观察那只瓣蹼鹬孵蛋的情况，被我搅黄了，你怒发冲冠，大发脾气。我赶紧赔礼道歉，才得到了你的原谅。"

"哦！是的！是的！"戴克兰微微地点着头，似乎还有点不好意思。这时候我才注意到，二十多年的岁月，在他脸上雕刻出许多皱纹，头发也花白了。戴克兰握住我的手，矜持地解释说，"那时候，我正和妻子闹离婚，心情不好，所以对你发了脾气，对不起！"

是的，我也想起来了，因为戴克兰常年在外面奔波，很少回家，妻子实在受不了，告诉他说："你跟鸟去生活吧！我跟女儿就像是两只被遗弃的鸟一样，只好远走高飞啦！"我对他深表同情，却爱莫能助。现在再次见面，一晃二十多年过去了，我们都老了许多。我关心地问他，有没有跟妻子复婚，或者另组家庭。

戴克兰苦笑着摇了摇头说："没有，不可能啦！我不想再给别人，同时也给自己造成痛苦！"

"那么，"我问他，"这些年，你都在研究些什么？"

"唉！不堪回首。"戴克兰感慨万分，深深地叹了一口气，"你知道，因为妻子和女儿离我而去，我的内心受到了很大的伤害和刺激，所以，这些年，我一直在追踪和研究鸟类的婚育情况。我想看一看，鸟类是怎样谈情说爱，结婚生子，维系它们的家庭生活的！"

"哦？"我吃了一惊，也很感兴趣，问道，"这倒是一个很有意思的研究领域，可是个冷门！还没有人研究过，你有些什么心得和研究成果啊？"

"咳！说来话长。"戴克兰拍去了手上的泥土，弹去了身上的海鸥羽毛，抬起头来看了我一眼，说，"我的资料，都储存在计算机里。走，我们到实验室去。"

巴罗北极科学实验室里，有一个房间，没有窗户，可以放录像，兼做仓库。戴克兰把他的计算机放在一张小桌子上，打开，看着我，先来了一个开场白，认真而严肃地说："我认为，在世界的万般生灵中，鸟类也许是最自由自在、最洒脱无羁，因而也是最令人无限神往的生物。它们也是除了昆虫之外，唯一能够依靠自身的力量，穿行于海陆空的生物。因此，英语中有一句话：自由得像一只鸟（Free as a bird.）。"

"是的！"我心悦诚服地频频点头，看着计算机的屏幕说，"鸟类确实很了不起。"

戴克兰一说起鸟类，就会兴奋不已，他的眼睛在昏暗的房间里闪动着光亮，他手舞足蹈地比画着说："各种各样的鸟类，会激起人们无穷无尽的联想与遐思。首先它们流线型的身体和那对令人羡慕的翅膀，不仅其他生物无可比拟，就连高傲的人类也望尘莫及。现在，我们虽然有了飞机，可以在天上飞来飞去，但是飞机那复杂而笨重的机体，是无论如何也没有办法与轻盈灵活的鸟相比的。

戴克兰敲了一下键盘，屏幕上出现了一根雪白的羽毛，在空中缓缓飞舞。"特别是，鸟类那结构巧妙又细密的羽毛，"他指点着屏幕上的羽毛说，"色彩斑斓，鲜艳夺目，再漂亮的衣服跟它相比，也只能自惭形秽。至于鸟儿那婉转的歌喉、温暖的巢穴、长途迁徙的能力，更使人类望鸟兴叹。"

我指着计算机的屏幕说："许多鸟类，都要到北极来繁殖。"

"所以，"戴克兰不理会我的问题，接着说，"鸟类也是地球上分步最广的生物之一，从两极寒冷的冰雪世界，到地球最高的世界屋脊；从遮天蔽日的热带丛林，到寸草不生的沙漠腹地；从浩瀚无际的大洋，到人口稠密的城市，几乎地球上的每一个角落，都可以看到鸟类的踪迹。"

这时候，计算机屏幕上出现了世界鸟类分布图。观察着鸟类的分布图，我忽然想起来一个问题，便问道："戴克兰，关于鸟类的起源，你有什么看法？"

戴克兰喝了一口咖啡，眼睛望着天花板，想了一会儿说："是啊！鸟类是从哪里来的呢？难道是从天上掉下来的吗？当然不是。如果仔细观察一下鸟类的骨骼结构和肌肉状况，就会发现，它们具有爬行动物的一切特征。特别是鸟类和爬行动物都是卵生的这一有力的事实，因此，科学家们认为，鸟类实际上就是从爬行动物进化而来的。或者说，是从恐龙中分化出来的。难怪早在一百多年以前，为进化论立下了汗马功劳的赫胥黎就把鸟类称之为'荣耀的爬行动物'。"

"有什么证据吗？"我问道。

"当然有啊！"戴克兰放下咖啡杯，点了一下键盘，屏幕上出现了大陆漂移的示意图。"在地质历史上，"他回过头来看着我说，"这个你比我更清楚，从两亿五千万年到六千五百万年以前的这段时间里，人们称之为中生代，也就是所谓的爬行动物时代。在这段时间里，爬行动物出现，繁衍，并最终达到全盛时期。而在这段时间里，也正是大陆开始逐渐解体并漂移开去的决定性时期。根据化石得知，鸟类大约是在一亿三千五百万年以前才开始出现的。这也就是说，当爬行动物在地球上生存并演化了大约一亿年之后，鸟类才来到了这个世界上，这也进一步证明了，鸟类确实是从爬行动物中分化出来的。然而，幸运的是，鸟类不仅具有可以飞翔的翅膀，而且还有了恒定的体温，这就比爬行动物大大前进了一步。因此，到大约六千五百万年以前，地球上发生了某种大灾变，导致绝大多数爬行动物突然绝迹时，鸟类却生存了下来，逃过了这一劫数，是非常幸运的。否则的话，我们也只能从化石中，去猜测它们的样子了。"

"那么，爬行动物为什么会演化成鸟类呢？"我穷追不舍，刨根问底。

"关于这个问题，"戴克兰摇了摇头说，"到目前为止，还没有找到确切的证据。但是，人们猜测，大约是因为，有些爬行动物，或者为了觅食，或者为了逃避强敌的袭击，常常需要跳跃、奔跑、攀岩、上树，久而久之，便演化出了最初的翅膀，以延长其腾空的时间，提高其奔跑的速度。起初可能并不会飞，只能做短距离的滑翔。例如现在的鼯鼠。后来，由于羽毛愈来愈丰满，骨骼变得中空，才逐渐延长了飞行的距离。再加上恒定的体温和旺盛的新陈代谢，使鸟类大大减少了对外界环境的依赖度，逐渐扩大了生存范围和分布空间，使其在种数上成为仅次于鱼类的脊椎动物。"

"地球上到底有多少种鸟类？"我看着计算机屏幕，关心地问道。

"据我所知，"戴克兰离开了计算机，坐到了我的对面，把脑袋靠在沙发上，似乎有点累了，慢吞吞地说，"大约有九千种。"

"那么，哪些鸟类与北极有关系呢？"我赶紧拉回到了主题。

"据统计，"戴克兰想了想说，"北极的鸟类，共有一百二十多种。其中大多都是候鸟。常驻的鸟类，有十二种，不到总数的十分之一。作为对比，南极的鸟类只有四十多种，永久性的居民，大概只有企鹅和贼鸥而已。而企鹅到底算不算鸟类，至今仍然有很大争议。"

"有哪些鸟类在北极繁殖？"我迫不及待地追问道。

"生活在北半球的所有鸟类，大约有六分之一要到北极繁殖后代。"戴克兰如数家珍，"例如，只是在阿拉斯加北极地区，就有来自世界各地的候鸟在这里安家落户。绒鸭来自阿留申群岛，苔原天鹅来自美洲东海岸，黑雁来自墨西哥，麦耳鸟来自东非，滨鹬来自马来西亚和中国东海岸。这是因为，北极不仅有辽阔的草原、丰富的食物，而且还有安静而干净的环境，很少有人类干扰，南极则没有这样的条件。所以，南极的候鸟，只能在附近做短距离的南北迁移，飞得最远的是信天翁，可以绕南极做长距离的迁移。而南半球的许多候鸟，宁肯遥遥数万里飞到北极来越冬，也不愿意到南极去。对于鸟类王国来说，北极是其活动的中心，而南极充其量也不过是一块极少有鸟类愿意光顾的属地而已。"

忽然，楼道里响起了脚步声，野生生物管理部的主任查理·布罗瓦站在了门口，伸着脖子看着我们说："你们两个躲在里面，黑咕隆咚的，在干什么呢？"

"我们在谈论北极的鸟类。"我笑着说。

"哦，"查理·布罗瓦看清楚了，点了点头说，"原来是戴克兰，鸟人！你们继续谈吧！"说完，哈哈笑着，匆匆忙忙地进到实验室里去了。

两极穿梭——北极燕鸥

查理走了，我们继续聊天。戴克兰点了一下计算机，屏幕上出现了一只北极燕鸥。他喝了一口咖啡，抹了一下嘴巴，目不转睛地盯着屏幕说："你知道，在南极，给人印象最深的动物，自然是企鹅。然而在北极，令人肃然起敬的动物并非北极熊，而是北极燕鸥，至少我认为是如此。企鹅虽然与人友善、憨态可掬，但是看上去有点傻乎乎的。北极熊虽然庞大、凶猛，但过于残忍，只能敬而远之。而北极燕鸥，虽然小巧玲珑，却矫健有力，可以做长途迁徙。"

"是的。"我说，"我在南极看到过一只北极燕鸥。"

"如果从迁徙和飞行的距离来看，"戴克兰指着屏幕上的北极燕鸥，介绍说，"北极燕鸥，可以说是鸟中之王。它们在北极繁殖，然后要飞到南极越冬，每年在两极之间往返一次，行程数万千米。人类虽然已经造出了非常现代化的飞机，但要在两极之间往返一次，也绝非易事。因此，北极燕鸥那种不怕艰险的精神和勇气，特别值得人类学习。因为，它们总是在两极的夏天中度日，而两极的夏天，太阳是不落的，所以，它们是地球上唯一一种永远生活在光明中的生物。不仅如此，它们还有非常顽强的生命力。1970 年，有人捉到了一只腿上套环的北极燕鸥，结果发现，那个环是 1936 年套上去的。也就是说，这只北极燕鸥至少已经活了三十四年。"

"我听说，"我打断了他的话，"北极燕鸥不畏强敌，敢向北极熊进攻。"

"是的。"戴克兰郑重地点了点头，敲了一下键盘，屏幕上出现了一群北极燕鸥围着一头北极熊的画面，"北极燕鸥，不仅有非凡的飞行能力，而且争强好斗，勇猛无比。虽然它们内部邻里之间经常争吵不休，大打出手，但一遇外敌入侵，则立刻不计前嫌，一致对敌。它们经常聚成成千上万只的大群，就是为了集体防御。貂和狐狸之类，非常喜欢偷吃北极燕鸥的蛋和幼鸟，但在如此强大的阵营面前，也往往畏缩不前，望而却步。不仅这些小动物，就连最强大的北极熊，也怕它们三分。有人曾经看到过这样一个惊心动魄的场面：在一个小岛上，一头饥饿的北极熊，试图悄悄地逼近一群北极燕鸥的聚居地。然而，它那高大的身躯，过早地暴露了自己。这时，争吵中的北极燕鸥突然安静了下来，高高飞起，轮番攻击，频频向北极熊俯冲，用其坚硬的喙，雨点般地向熊头啄去。北极熊虽然凶猛，这时候也只有招架之功，并无还手之力，只好摇晃着脑袋，鼠窜而去，好像是在说：'我服了，我投降！'"说到这里，戴克兰站了起来，弯着腰，模仿着北极熊逃跑的样子，开心地笑了起来。

"有一天，"我笑着说，"我在巴罗角看到了两只北极燕鸥，拍了几张照片，可惜没有拍好！"

"北极燕鸥虽然没有孔雀那样美丽的羽毛，却也是一种体态优美的鸟类，"戴克兰收敛了笑容，恢复了先前那种严肃的神情，说，"其长喙和双脚，都是鲜红的颜色，就像是用红珊瑚雕刻出来的。头顶是黑色的，像是戴着一顶呢绒帽子。通身灰白色的羽毛，是一种保护色，无论是在冰雪上，还是在沙地里，你都很难发现它们的踪迹。尖长的翅膀、细长的尾翼，集中体现了大自然的巧妙雕琢和完美构思。因此可以说，北极燕鸥，是北极最为神奇的精灵！"

"北极燕鸥的婚姻状况呢？"我本来不想提这个问题，害怕勾起戴克兰的心病，可是看到他兴致勃勃、眉飞色舞的样子，又觉得他可能对自己的婚姻状况已经习以为常了，便冒昧地问了一句。

果然，戴克兰并不回避，反而笑了起来，不紧不慢地说："北极燕鸥的婚姻模式，与人类有异曲同工之妙。"

"真的？"我笑着问道，以为他是在开玩笑。

戴克兰收敛了笑容，指着自己的鼻子说："你知道，我是被妻子扫地出门的。北极燕鸥也会如此。雌燕鸥会先来到领地，建一个家，趴在里面等着。雄燕鸥在海里捕到鱼以后，叼在嘴里，飞到领地上空巡视，炫耀。雌燕鸥如果看到它嘴里的鱼足够大，具有足够的吸引力，就会和它结为夫妻。结婚之后，燕鸥妈妈在孵蛋和喂养小燕鸥期间，燕鸥爸爸必须不停地给燕鸥妈妈和孩子提供食物。燕鸥爸爸提供的食物越多越丰富，小燕鸥成长得就越快越健壮，它就是好爸爸。如果燕鸥爸爸比较懒惰，或者能力有限，提供的食物不够吃，燕鸥妈妈和孩子吃不饱，燕鸥妈妈就有可能把燕鸥爸爸扫地出门。"

"你和燕鸥爸爸不一样。"我听出戴克兰内心充满了悔意，赶紧说，"你是一个好爸爸，只是因为太忙了，很少回家。"

"不！"戴克兰摇了摇头，面有难色，诚恳地说，"我很少回家，妻子是可以理解的。但是我的研究很少出论文，所以拉不到赞助，经费有限，我自己的生活都很困难，根本养活不了妻子和女儿。"说到这里，戴克兰低下头去，眼睛盯着计算机，神情黯然。

看到戴克兰失魂落魄的样子，我心里一阵酸楚。

飞行冠军——黄金鸻

不过，戴克兰很快又恢复如初，他又发起感慨来："你知道，"他两眼直直地盯着我说，"生物是环境的产物，无论是动物还是植物，都必须适应周围的环境，才能生存下去。地球上有些地方，例如热带与温带的丛林、草原、山坡、湿地，雨量充沛，气候温和，就会有大量的生物繁衍生息。而另外一些地方，例如高山之巅、沙漠腹地、海洋深处、南北两极等地方，气候恶劣，环境严酷，生物相对就很稀少。因为，能在这种极端环境下生存的生物，必须要有自己的绝招。"

"北极的生物，有什么绝招啊？"我希望他能多谈谈北极的鸟类。

戴克兰知道我的意思，但他并不想随着我的指挥棒起舞，而是敲打着计算机，按照自己的思路继续着他的演说："鸟类长有翅膀，可以自由飞翔，迁移起来非常容易。按理说，它们完全可以选择相对舒适的地方繁衍后代，休养生息，无忧无虑地生活下去。然而，鸟类们并不这样想，它们宁肯面对生死，迎接挑战，每年飞行数千乃至数万千米，到南北两极去生存，去繁殖，这到底为了什么呢？科学家们百思不得其解。"

"有没有鸟类飞得比北极燕鸥还远啊？"我插话问道。

"有啊！"戴克兰回答说，"在北极，如果要进行一次直达距离的长短和飞行效率高低的比赛，冠军应该是黄金鸻。"

"黄金鸻？"我反问了一句，有点吃惊。因为在附近的草地里，黄金鸻很多，个体也不大，相貌平平，飞来飞去，看上去并没有什么特别之处。

"人不可貌相，鸟类也是如此。"戴克兰看出了我对黄金鸻的轻视，在计算机里打出了一段黄金鸻的视频，看了我一眼，微笑着说，"分布在阿拉斯加大部和加拿大北极地区的黄金鸻，秋天一到，先是飞到加拿大东南部的拉布拉多海岸，在那里经过短暂的休养之后，则纵越大西洋，直飞南美洲的苏里南。它们中途并不停歇，一口气飞行四千多千米，最后来到阿根廷的潘帕斯草原过冬。而在阿拉斯加西部的黄金鸻，则可一口气直达夏威夷，行程四千多千米，然后再从那里飞达南太平洋的马克萨斯群岛，甚至更南的地区。在西伯利亚东北部繁殖的黄金鸻，冬天则迁至中国南部、印度东部、印度尼西亚，直到澳大利亚。它们可以用每小时大约九十千米的速度，连续飞行五十多个小时，体重却仅仅减轻 0.06 千克，可见其体能消耗很少，飞行效率极高。而且，在这样长距离的飞行中，它们可以精确地选择出最短路线，毫不偏离地一直到达目的地，可见它们的导航系统是非常精密的。至于它怎样才能做到这一点，科学家们暂未找到答案。北极燕鸥虽然可以在两极之间来回迁移，但是它们在飞行途中要不断地降落觅食。"

"每小时九十千米？"我大为惊异，喃喃自语，"一口气能飞四千多千米？"

"是的。"戴克兰似乎在为黄金鸻自豪，扬扬自得地说，"与北极燕鸥一样，黄金鸻同样也是一种非常勇敢的鸟类，对于胆敢进入它们领地的狐狸，甚至猎人，总是给予坚决的反击，即使牺牲生命也在所不惜。因此，有些小鸟，专门把自己的巢筑在黄金鸻的领地附近，以便得到庇护。有时候，当天敌袭来时，为了保护幼鸟，成年的黄金鸻会伸出一只翅膀，装成折断了的样子，在地上东倒西歪，匍匐前进，以此来吸引敌人的注意。天敌往往信以为真，拼命追赶，结果上了它们的当，被调虎离山，引得远远的，这时，黄金鸻就会腾空而起，逃之夭夭。由此可见，黄金鸻也是一种非常聪明的鸟类。"

"它们为什么叫黄金鸻？"我觉得黄金鸻的毛色一般，很难与黄金扯上关系。

"黄金鸻因为背部杂有金黄色的羽毛而得名。"戴克兰指着屏幕上的黄金鸻说，"它们的体形较大，喜欢干燥，常常结成小群，在江河湖滨觅食，以蠕虫、甲壳动物、螺类，以及昆虫等为食。它们把巢筑在沼泽附近沙土的低凹处，极其简陋，只有少量地衣等杂草。每窝产卵四枚，颜色由乳白至黄褐色，杂有斑点。有趣的是，雌雄鸟均参加孵卵工作，白天由雄鸟负责，而晚上则由雌鸟值班。如此轮流，直至小鸟破壳而出。此后，父母共同捕食，照料幼鸟，直到它们能独立生活。幼鸟要靠自己积累起足够的脂肪，为长途飞行做好准备。"

"在我住的'北京饭店'附近，就有大群的黄金鸻。"我笑着说，"每逢看到我走近，它们就会有一只或者几只拖着翅膀，在地上翻滚，还机警地盯着我。所以，我走路时总是特别小心，仔细地观察着草丛，以免踩坏它们的窝。"

"那是它们的生存策略。"戴克兰站了起来，端起咖啡喝了一口，盯着计算机的屏幕说，"进入九月以后，北极的天气变得寒冷起来，常常有暴风雪。黄金鸻便聚集成群，高高地升起，在天空中上下翻飞，组成'V'字形的队伍，开始了南迁的旅途。"

大智若愚——绒鸭

我和戴克兰聊得正开心，忽然，因纽特姑娘曼芮怀里抱着一只野鸭子进来了，眼泪汪汪的，冲着戴克兰喊道："戴克兰，你看看这只绒鸭还能治吗？"原来，曼芮在草原上捡到了这只绒鸭，可能是撞在电线上受伤了。

戴克兰接过绒鸭，走到楼道里，仔仔细细地观察了一会儿，抬起头来对曼芮说："这是一只白眶绒鸭，你看看，"他指着绒鸭的眼睛，"因为它的眼睛周围有一个黑圈，像是戴了眼镜似的。这种绒鸭的数量不多，很宝贵！我建议，你把它送到西雅图野生动物医院去治疗，可以救它一命。"

曼芮一听，马上抱起绒鸭，风风火火地去找野生生物管理部的主任查理·布罗瓦去了。我们回到了放映室，话题又转到了绒鸭上。"鸭类在北极很多。"戴克兰在计算机里找出了鸭类的记录，有点心神不定，也许是在担心刚才那只受伤的鸭子。

"北极有哪些绒鸭？"我急忙问道。

"北极的绒鸭种类很多。"戴克兰眼睛盯着计算机说，"有欧绒鸭、王绒鸭、白眶绒鸭等。欧绒鸭的个体是最大的，主要栖息于海上，环北极分布。白眶绒鸭数量比较少，几近绝迹。它们春天进入北极，先是谈情说爱，然后筑巢育子，忙得不可开交。绒鸭的天敌很多，主要是贼鸥、北极狐和雪鸮。当然，最可怕的还是人类。"

"是的。"我说，"因纽特人就喜欢打野鸭子，用来熬鸭汤。"

"鸭类，通常被认为是一种低能动物，它们的智商平平，除了会游泳之外，并没有什么特别突出的生存技能。然而，也许是环境所迫，北极的绒鸭，却自有其高明之处。"

"有什么高明之处啊？"

"每年夏季，"戴克兰说，"北极地区的岛屿四周，冰雪融化以后，都被海水所环绕。狐狸无法接近，只好望窝兴叹。绒鸭们便开始在岛屿的悬崖上筑巢，构筑于岩石或草丛下面，既可遮风避雨，又可躲避天敌。它们平均每窝产蛋五枚。然而，有其利必有其弊。鸭巢高高在上，狐狸无法到达。可是，小鸭孵出来以后，怎样才能下到地面上或者水面上呢？面对几米甚至十几米的悬崖，小鸭们只能拼死一搏，张开翅膀，跳下去，有的幸存，有的摔死，有的受伤，有的落到狐狸口中。不过，总的来说，生存下来的总是占多数，似乎绒鸭们早就盘算好了。心中有数。"

"这就是所谓的'物竞天择,适者生存'。"我感慨地说。

"令人惊奇的是，"戴克兰似有同感，指着屏幕里悬崖峭壁上的绒鸭巢说，"欧绒鸭的巢，十分靠近一种海鸥的领地。而这种海鸥，正好喜欢以绒鸭卵和幼雏为食。既然如此，欧绒鸭为什么仍然喜欢与自己的天敌为邻呢？究其原因，它们要借助这种海鸥的力量，将更强大的敌人，如贼鸥、北极狐等赶走。在海鸥保护自己领地的同时，也使欧绒鸭免遭侵害。这种牺牲局部利益以换取更大利益的做法，确实是很聪明的。看上去有点笨头笨脑的欧绒鸭，是怎样悟出这样的道理来的呢？真是大智若愚。这正如我们人类一样，两害相较取其轻。"

　　我听了以后，哈哈大笑，调侃了一句："也许，人类的这种策略，是从绒鸭那里学来的！"

　　"其实，"戴克兰点了点头说，"人类的许多行为，都是从动物那里继承过来的。"说到这里，他又笑着说，"绒鸭的育儿模式也很有趣，例如欧绒鸭，孵化期为 21—28 天，妈妈负起全部责任，在孵化期间，极少离开自己的巢。小绒鸭一旦破壳而出，就可随妈妈来到海边，一边嬉戏，一边不停地潜入水中捞取食物，它们以无脊椎动物，如软体动物、蠕虫、甲壳动物等为食。在通常情况下，几个家庭的小绒鸭要联合起来，过集体生活，就像是幼儿园似的。这时，绒鸭妈妈们，甚至连小绒鸭的七大姑八大姨，都会前来照料和保护小绒鸭们，它们过着幸福快乐的生活。到九月份，它们便能展翅飞翔了，于是开始西行，迁入阿留申群岛和阿拉斯加海湾去越冬。"

　　"2001 年，"我告诉戴克兰说，"我在北极草原上，也捡到过一只受了伤的白眶绒鸭。阿拉斯加北坡自治区的动物保护组织专门买了机票，把它托运到西雅图去治疗。一个多月以后，伤好了，又托运回来，放到了野外。可是，追踪观察发现，因为失去了野性，飞行能力大大降低，这只绒鸭很快就被狐狸吃掉了。专门研究白眶绒鸭的劳拉，心痛得哭了一鼻子。"

"大自然不相信眼泪，"戴克兰冷冷地说，"人类干预大自然的能力，是非常有限的。"

永久居民——雷鸟和渡鸦

"你会跳因纽特舞吗？"戴克兰突然没头没脑地问道。

"不会。"我笑着说，"只会瞎比画。"

"你有没有注意到，"戴克兰问道，"因纽特人跳舞时，有人会戴着渡鸦面具？"

"是的。"我点了点头，接着问道，"为什么？"

　　"因纽特人认为，"戴克兰找出了一本杂志，指着上面的图片说，"渡鸦是因纽特舞蹈的鼻祖，他们的舞蹈是从渡鸦那里学来的。所以，在因纽特舞蹈中，常常用渡鸦的羽毛做道具。实际上，常驻北极的鸟类很少，因为忍受不了这里的严寒。当然，也有少数勇敢者，成为北极的永久性居民，它们比人类进入北极的时间还要早。其中最常见的是雷鸟和渡鸦，因纽特人中流传着许多关于它们的传说。"

　　"原来如此。"我说，"我和夫人两次在北极越冬。在几个月的漫漫长夜中，只有两种动物偶尔光顾寒舍：一种是北极熊。每天睡觉之前，我们都要把门窗关紧，仔细检查一遍。每次出门之前，要先从窗户巡视四周，看看有没有北极熊藏在哪里。只要一开门，马上以最快的速度冲出去，飞快地钻进汽车里。另一种就是渡鸦。它会在高处的架子上跳来跳去，大声鸣叫几声，声明它的存在，意在引起我们的注意。夫人常常感叹说：'要是北极熊不吃人该有多好啊！它们的样子非常可爱！'至于渡鸦，在漫长的极夜中，它们偶尔来访，也能给我们带来一点慰藉。"

"渡鸦非常聪明，对人类并不亲近。"戴克兰介绍说。

"1991 年，"我回忆说，"我第一次到北极。有一天，我冒险到美国海军修建的远程预警雷达系统站去考察，心里惴惴不安，非常害怕，担心被当成间谍抓起来。没有想到，那里的军人非常友好，隔着窗户跟我打招呼，同时也警告我，在外面转转可以，不可迈进系统站半步。我于是安心考察，正在漫步时，却突然遭到两只渡鸦的疯狂攻击。它们冲着我轮番俯冲，大喊大叫，还试图往我身上拉屎。我只好抱头鼠窜，非常狼狈，仔细一看才明白，原来在雷达天线的铁架子上，筑有它们的爱巢。"

"那是因为，你侵犯了它们的领地，渡鸦有很强的领土意识。"戴克兰说，"渡鸦之所以能在北极生存下来，除了身上披有浓密的绒毛，足以抵御严寒之外，还在于它们的食谱很杂，小鸟、鸟蛋、旅鼠、植物种子，甚至垃圾，几乎什么都吃。当然，还有一个非常重要的原因，就是渡鸦很少被猎杀。因纽特人说，渡鸦是因纽特舞蹈的鼻祖，所以不忍心伤害它们。其实，实际情况是，渡鸦和乌鸦一样，它们的肉不好吃，因而增加了生存的概率。"

"由此看来，肉不好吃也是保护自己的一种不错的策略。"我端起茶杯，喝了一口，接着问道，"那么，雷鸟呢？"

"雷鸟，属松鸡科。"戴克兰在计算机上打出了一张照片，指着说，"但是，北极没有松树，还是叫雷鸟比较合适。雷鸟最大的特点是，它们的羽毛可以随季节而改变颜色。冬天，雷鸟换上一身洁白的羽毛，便于在雪地里隐藏。但是，如果全身洁白，同类之间寻找起来也比较困难。所以，雷鸟的眼睛上面，长出一缕月牙儿状的红色羽毛，而且尾巴还是黑的，这样便于彼此寻找和联系。一到夏天，雄鸟身上换成红褐色的羽毛，只有翅膀和肚皮还是白的。雌鸟身上则换上有斑点的浅褐色，只有翅膀是白的。为了抵御北极的严寒，雷鸟的腿和脚趾上，覆盖有厚实的羽毛，以便减少热量的散发，可以说是全副武装。"

"因纽特人很喜欢猎杀雷鸟。"我说。

"是的。"戴克兰点了点头说，"那是因为雷鸟的肉很好吃，是因纽特人的美味之一。在野外常常可以看到成群的雷鸟，在河边的草丛中出没。但是，因纽特人在打猎时，却很少猎取雷鸟，因为它们太小，狩猎的目标主要是驯鹿。"

"它们在育子方面有什么策略呢？"我觉得，戴克兰已经不介意谈论这个问题，大胆地问道。

"有人说，"戴克兰看着屏幕上的一群雷鸟，有点得意地说，"雷鸟是一夫一妻制，但是我发现，事实并非如此。它们的婚育模式，与北极燕鸥有点相似。不过，它们是雄鸟首先到达繁殖地，占据有利位置，不停地大声鸣叫，飞来飞去。如果有其他雄鸟试图入侵，它就会奋起反抗，加以驱逐。而当雌鸟被它的求偶鸣叫吸引到领地内时，雄鸟就会弓着颈部，翘着尾羽，跑过来求爱。如果雌鸟低着头，微张着双翅，身体向下倾斜，雄鸟就会跳到雌鸟的背上，咬住后颈的羽毛进行交尾。交尾结束后，雌鸟就独自开始营巢，通常营巢于雄鸟的领地中。雷鸟妈妈产卵比较多，每窝可达 6—13 枚，孵化期为 24—26 天。雏鸟孵出后，随着亲鸟转移到安全地带。雷鸟也会集体抚养，组成幼儿园，有时候会形成较大的群体。我观察的结果是，每只雄鸟，可以与两三只雌鸟交尾。由此可见，雷鸟不可能是一夫一妻制。"

"有一次，我和一个因纽特朋友出去打猎。"我笑着说，"我们远远地看到一只雷鸟，趴在草丛里。那个因纽特朋友一时兴起，端起枪来打了一枪。那只雷鸟一动不动。他以为没有打中，便啪啪啪啪扫了一梭子子弹。雷鸟还是一动不动。我们跑过去一看，原来是一顶帽子，已经被打出了好多窟窿，像筛子似的。"说完我俩哈哈大笑起来。

大洋使者——信天翁

"位博士，"戴克兰问道，"你认为，现在地球上，最大的鸟类是什么鸟啊？"

"鸵鸟。"我不假思索地回答。

戴克兰微笑着摇了摇头。

"是企鹅！"我赶紧改口说，"帝企鹅！"

戴克兰还是摇了摇头。看到我迷惑不解的样子，他不紧不慢地说："如果问：地球上现存最大的鸟类是什么？回答很可能是鸵鸟。如果问：南极最大的鸟类是什么？回答很可能是帝企鹅。是的，鸵鸟身高近三米，体重可达一百五十千克，是地球上现存最大的鸟类。帝企鹅有一米多高，四十多千克重，是南极大陆上除了人之外唯一能站立的动物。但是，它们有一个共同的弱点，就是不会飞，因而便失去了作为鸟类的最重要的特征。"

"那是哪种鸟呢？"我问道。

"现在的地球上，既有高大的身躯，又能长途翱翔的鸟类，是信天翁。最大的信天翁身长近一米半，翼展可达三四米，体重近十千克，能做环球性长途飞行，可以在大洋上停留一个多月，堪称大洋使者。"

"信天翁？"我大感意外，吃了一惊，摇着头说，"从来没有见过。"

"是啊！"戴克兰敲打着计算机，屏幕上出现了一只大鸟，贴着海面，展翅翱翔，他指着说，"这就是信天翁！它是漂泊信天翁，除繁殖期外，几乎所有时间，都翱翔或栖息于大海之上。它们可以利用海上强劲的风力，顺风向下滑落，或乘风往上爬升，上下翻飞，回旋自如，连续数小时翱翔于天空，而不需要挥动双翅，真可谓是世界上最高效的'滑翔机'。"

"嚯！"我不由得感叹说，"它们比北极燕鸥还要厉害！"

"是的！"戴克兰盯着计算机屏幕上那只信天翁，充满敬意地赞叹道，"它们总是喜欢在狂风巨浪的天气中，凭借气流和涡流，搏击长空，穿云破雾，展现它们的飞行绝技。一旦风平浪静，它们便觉兴味索然，顿时失去了前进的动力。所以，有经验的水手们都知道，在哪里看到成群结队的信天翁，哪里便不会有好天气。"

"北极有信天翁吗？"我关心地问道。

"极少。"戴克兰摇了摇头。看到我有点失望的神情，他马上补充说，"信天翁主要生活在南半球，集中在南纬45°到70°之间，最南深入到南极大陆周边的岛屿。但是，依靠超强的飞行能力，信天翁的种群已经穿越赤道，往北扩散到了北太平洋，甚至偶尔也可以进入北极。"

"希望有一天，我也能在北极看到这种神鸟信天翁。"我自言自语道。

"现在你就能看到。"戴克兰的计算机屏幕上出现了一个信天翁妈妈，它正在喂孩子，戴克兰介绍说，"信天翁的眼睛很大，视野开阔，便于观察周围的形势。它们的嘴巴很长，而且带钩，便于捕食水中生物。鼻孔在嘴巴两侧，呈管状。对此，科学家有两种解释：有人认为，管状鼻孔使信天翁具有极好的味觉敏感性；另外一种意见则认为，管状鼻孔是气流速度的探测器，对信天翁的飞行是至关重要的。信天翁体态优美，线条流畅，神态威严，飞行起来回转自如，从容不迫，给人一种流利酣畅的感觉。"

"信天翁确实很美！"我盯着屏幕赞叹说。

"不仅如此，"戴克兰进一步介绍说，"信天翁的家庭婚姻，堪称人类的楷模。它们对爱情忠贞不渝，共同营造爱巢，共同抚养后代，过着一夫一妻的和谐生活。而且，一对夫妻，每次只生一个孩子，两年才繁殖一次。"

"啊？"我听了大吃一惊，急忙问道，"信天翁也实行计划生育？"

"也可以这么认为。"戴克兰慢条斯理地说，"雌信天翁把巢筑好以后，便产下一枚白色的卵，重四百克左右，夫妻共同承担孵化任务，直到新的生命破壳而出。小信天翁属于晚成鸟，需父母哺育四十天左右。尽管如此，它们仍然缺乏独立生活的能力。但是，为了生存，父母不得不忍痛割爱，将它们遗弃。可怜的小信天翁，只能依靠体内积存的脂肪维持生命，飞向一望无际的大海。经过多年的漂泊流离，便会返回故乡，成家立业，繁衍后代，开始成鸟的生活。由此可见，信天翁的计划生育，主要是因为它们育子非常困难，而且时间拖得太长的缘故。"

"它们在什么地方做窝？"我好奇地问道。

"信天翁大多都在大洋深处的孤岛悬崖上做窝，没有什么天敌。所以，它们一窝一子，两年繁殖一次，也足够维持种群的繁衍。然而，自从人类开始远洋航行之后，信天翁就有了一个意想不到的、可怕的天敌——人类。偷它们的蛋，吃它们的肉，拔它们的羽毛，剥它们的皮，污染它们的环境，掠夺它们的食物，真是敲骨吸髓，无所不用其极。更加可怕的是，现在，每年都有成千上万只信天翁被渔网套住，死于非命。所以，信天翁的命运岌岌可危，亟须人类去关注。"

"太可怕啦！"我忧心忡忡，关切地说，"我们应该大声疾呼，保护信天翁！"

"实际上，"戴克兰关闭了计算机，站了起来，从他的背包里掏出了一本书，递给我说，"信天翁救过不少人的命！早在十九世纪，那时还没有无线电通信，水手们看到信天翁常年在海面上翱翔，便想到用它们来传递信息，这有许多真实的故事。"

"哦，"我翻阅着手里的书，饶有兴趣地问道，"真的？"

戴克兰微微点头，娓娓道来："一百多年以前，有一艘叫作'格林斯塔尔号'的捕鲸船，收获颇丰，货船内装满了大桶大桶的鲸脂。但是，怎样才能让人们知道他们目前的情况呢？船员们便用鲸肉做诱饵，捕到一只信天翁。船长在一张纸条上，写下了船的位置（南纬43°，西经148°）和当时的时间（1847年12月8日），并说船只已开始离开作业区，准备返航。他将纸条，放进一个小袋子，系在信天翁的脖子上，然后将其放飞。12 天后，即 1847 年 12 月 20 日，这只鸟在智利被人捉到，已经飞行了五千多千米。在当时，这是世界上最快的通信速度了。因而，信天翁又被称为'海上信使'。"

那天晚上，我请戴克兰吃饭。很简单，黄瓜片炒鸡蛋，烤鸡腿，焖米饭。戴克兰吃得津津有味，连连称赞说："好吃！好吃！早就听说你做的饭好吃，真是名不虚传！"

我说："好吃你就多吃点吧！我们有十几年没有见面，要请你吃顿饭不容易。"

饭后我们继续聊天。我问他，今后有什么打算。戴克兰说，他想到南半球去追踪研究信天翁。他想搞清楚，信天翁夫妇为什么可以分别在大洋上翱翔一年，又回到原来的地方相聚，而且恩爱如初，不弃不离，继续过夫妻生活，共同繁殖和抚养孩子。我听了以后无言以对，只好祝他一切顺利，保重身体。

第二天一早，戴克兰走了，匆匆忙忙去赶飞机。

十年以后，中央电视台要拍一部北极纪录片，我带着他们来到了巴罗，拍摄我的因纽特人朋友和野生生物管理部的工作人员，又见到了查理·布罗瓦。我向他打听戴克兰的下落。查理·布罗瓦告诉我说，戴克兰自从那次离开巴罗以后，没有任何信息。直到2008年，才有消息说，戴克兰在南太平洋一个小岛上追踪信天翁时失踪了，当地派出救援队去搜索，活不见人，死不见尸。我听了以后，心情沉重，眼泪在眼眶里打转。就这样，戴克兰推崇信天翁为神鸟，他自己也变成了一只神鸟，永远翱翔于天际。

其实，对于戴克兰的结局，我早有预感，但是没有想到，这么快就变成了现实。我知道，戴克兰与其说是去研究信天翁，倒不如说，他是去追索人类社会，有没有，或者怎样才能有像信天翁那样坚贞不渝的爱情。

戴克兰不是博士，不是教授，不在大学里工作，也不是任何科研机构的雇员。他是一个自由职业者，或者说是一个自由职业科学家。他把他的一切，贡献给了对鸟类的观察和研究。为此吃尽了千辛万苦，失去了老婆和孩子。虽然在任何知名的杂志上，都看不到他的名字；在任何鸟类研究的学术会议上，都看不到他的身影，但是，他会长久地活在我的记忆里。

老猎人谈狐狸

　　阿纳尔德·布洛瓦在巴罗是个风云人物。他年轻的时候，曾经在美国海军服役，照片上，那时候的他非常英俊。他和妻子一共生了十七个孩子，全都长大成人了。他是个好猎手，在因纽特人中颇有威信。现在他虽然老了，82 岁，老伴也已经去世，但他一个人照样出去打猎，享受着大自然给他带来的快乐。他很喜欢我做的烤鱼。有一天，他专门把我请到家里，给他做鱼吃。他是麦琪的爸爸，乔治的岳父，也是我的熟人。他的家里，挂着十几张狐狸皮，都是熟过的，非常漂亮。我们一边吃饭，一边聊起了狐狸。

"我在商店里看到，"我指着那些狐狸皮说，"一张狐狸皮，可以卖一百多美元。你这些狐狸皮，可以卖不少钱。"

"是的。"阿纳尔德盯着那些狐狸皮，有点得意地说，"可是我不卖！这些是我的传家宝！因为北极狐越来越少，我要留给子孙后代。"

"你想得太远了！"我笑着说，"北极狐还有很多，它们不至于断子绝孙吧！"

"这很难说！"阿纳尔德咽下了一口烤鱼，喝了一口橘汁，摇晃着脑袋说，"实际上，狐狸是北极草原上真正的主人，它们世世代代居住在这里，除了人类之外，基本上没有什么天敌。"

"人类是它们最可怕的天敌。"我说。

"是啊！"阿纳尔德抹了一把嘴，他的牙齿没有几颗了。他沉默了一会儿，抬起头来说，"在皮毛商人到达北极之前，北极狐生活得自由自在，无忧无虑。它们虽然没有能力向驯鹿那样的大型食草动物进攻，但捕捉小鸟，捡食鸟蛋，追逐兔子，在海边捞取软体动物，都是它们的拿手好戏。到了秋天，它们也会换换口味，到草丛中寻找一点浆果吃，以补充身体所必需的维生素。不过，北极狐最主要的食物是旅鼠，它们敏捷轻巧，机动灵活，往往能纵身跳起，准确地扑过去，将逃跑中的旅鼠按在地上，一口吞下去。在旅鼠稀少的冬天，北极狐的日子特别难过，但它们忍耐饥饿的能力很强，可以连续几天甚至几个星期不吃东西，而不至于饿死。"

"所以，"我说，"北极狐是旅鼠的天敌，旅鼠是北极狐的口粮。"

"它们是一对冤家。"阿纳尔德吃得心满意足，摸了摸肚子，坐到了沙发上，慢慢吞吞地说，"旅鼠少的年头，北极狐就得挨饿。而当旅鼠多时，北极狐因为食物充足，吃得多，生得多，就会大量繁殖。但是，当它们的数量多到一定程度时，就会得一种怪病，叫'狂舞病'，得病的狐狸会拼命地跳舞，直到累死为止。"

"实际上，"我猜测说，"那可能是狂犬病，得病的狐狸非常狂躁，乱蹦乱跳，是狂犬病引起的。"

"也有可能。"阿纳尔德望着挂在架子上的那些狐狸皮，似乎对北极狐充满了敬意，声调缓慢地说，"狐狸也是母性当家，雄性狐狸都是流浪汉，在外面到处游荡。早春季节，雄狐便不断地造访雌狐的领地，交配之后则一走了之，对抚养幼崽不负任何责任。四五月份，幼狐出世，食物丰富的年景，一窝甚至能生下十几只幼崽。"

"北极狐有几种？"我问道。

"若按毛色来分，"阿纳尔德看上去有点累了，他打了一个哈欠，揉了揉鼻子说，"北极狐有两个品种：一种是变色狐。在夏天，这种狐狸背部为银灰色，而脸部和腹部则为灰白色。一到冬天，全身洁白，便于伪装。另一种则是蓝狐。一年到头全身都呈蓝灰色，绒毛很长，非常漂亮。按理说，无论是在冬天还是夏天，这种颜色对于伪装似乎都很不利。但是，蓝狐主要是在海边活动，因此，蓝色的海水也可抵消一部分不利因素。实际上，这两种狐狸，并没有严格的种族界限，而是互相重叠和混居，相互通婚，母狐对雄狐的颜色并不挑剔。"

"北极狐靠什么抵御严寒？"看到阿纳尔德昏昏欲睡的样子，我赶紧提了一个小儿科的问题。

"哦！"阿纳尔德瞪大了眼睛，望着那些狐狸皮说，"狐狸之所以能在北极严酷的自然环境下生存，完全得益于它们那身浓密的皮毛，即使气温降到零下四五十度，仍然可以生活得很舒服。然而，它们倒霉也是因为这身皮毛，这可是贪得无厌的皮毛商的摇钱树。"

"在中国，"我告诉他，"狐狸被看成是狡猾的象征。"

"狐狸并不狡猾。"阿纳尔德在鼻子里哼了一声，环顾四周，仿佛在寻找狐狸似的说，"狐狸就是狐狸。"

"我第一次跑野外时，"我笑着说，"看到一只北极狐，我还以为，那是谁家养的猫。"

阿纳尔德没有说话，慢慢地倒在了沙发上。我观察着那些狐狸皮，又看了看躺在沙发上的老猎人，暗暗想起了因纽特人与狐狸的关系：因纽特人，既不认为狐狸有多么狡猾，也不觉得它们有多么美丽。也许是因为，他们与狐狸朝夕相处，司空见惯的缘故。然而，北极狐确实很美，特别是奔跑起来，像是一团流动着的雪。那轻盈的步伐，使人不禁想起了狐步舞。

这时候，老人忽然打起了呼噜。为了不打扰他，我轻手轻脚，狐狸似的，踮着脚尖溜了出来，刚要关门，老人忽然醒了过来，大声说："你走啦！不送啦！离'北京饭店'不远处，就有一窝狐狸！"

我对着屋里喊道："我知道！谢谢你啦！什么时候想吃鱼，打个电话就行了！我会随叫随到！"说着，我把门关上了。

"狼博士"的狼故事

1993 年，为了了解和学习在北冰洋上如何生存，为中国首次远征北极点科学考察做准备，我再次进入北极考察，第二次来到巴罗，向 1986 年到过北极点的科学家杰夫·卡罗尔讨教。汤姆、格瑞格和杰夫都给了我很多支持，传授了进入北冰洋考察的经验，并且教我怎样驾驶狗拉雪橇。杰夫建议我去拜访他的好朋友、1986 年美国北极考察队的队长鲍尔·舍克，聘请他作为我们的教练和向导。回国的路上，我专程拐到威斯康星州，受到了鲍尔·舍克先生的热情接待和大力支持。他还带我去拜访了他的朋友黑尔·安德逊博士。黑尔·安德逊博士专门拍摄和研究北极狼，他住在一栋大房子里，院子里养着两匹大狼、三匹小狼，令人觉得有点恐怖。我们三个人坐在黑尔·安德逊博士的书房里，喝着茶，吃着点心，看着院子里的景致。其实，他的书房，就是一个观察室，可以随时观察狼群的一举一动。我们的话题，自然而然也就从狼开始了。

黑尔·安德逊博士个子瘦高，头发稀疏，眼睛很大，炯炯有神，眼窝很深，似乎隐藏在山洞里，所以绰号"狼博士"。他和鲍尔·舍克先生都是大个子，站在窗户前，每人端着一杯咖啡，他们和我的茶杯碰了一下，表示欢迎。我不知道鲍尔·舍克先生为什么带我来见黑尔·安德逊博士，因为我计划中的北极考察，似乎与狼没有什么关系。但是，既来之，则安之。

"在北极的食肉动物中，"黑尔·安德逊博士开门见山地介绍，"比狐狸大的就是狼。但是，它们捕食的目标却大不相同。狼虽然对送到嘴边的旅鼠和兔子之类小动物也不肯放过，但它们追逐的主要是驯鹿和麝香牛之类的大目标。这是由它们的生活方式决定的。狼群总是集体捕猎，分而享之，如果跑了半天，才抓到一只兔子，怎么能满足饥肠辘辘的群体的需要呢？当然，这也是大自然的规律，小的食肉动物，捕食小的食草动物；大的食肉动物，捕食大的食草动物。各取所需，互不争食，只有这样，生态平衡才有可能维持下去。"

"狼其实是很聪明的。"鲍尔·舍克先生喝了咖啡，精神焕发，指着院子里的狼群说，"我养了四十多条爱斯基摩犬，把狗窝建在森林里。经常会有狼来勾搭爱斯基摩犬。"

"动物也知道远亲繁殖的好处。"黑尔·安德逊博士笑着说，"经过深入的观察和研究之后，我发现，狼群的社会生活，是相当复杂的。在每个群体当中，都有一个雄性首领，实际上是一个独裁者，或者'皇帝'，实行着严格的等级制度。一旦捕到了猎物，首领必须先吃，然后是它所钟爱的母狼，即'皇后'和'贵妃'之类，接着则是怀孕的或者正在喂养幼崽的母狼，最后才是其他公狼和尚未成熟的母狼。母狼成熟之前，必须和其他公狼一起，在群体中担任捕猎和防卫等公共服务性的角色。作为首领的公狼，才有权和母狼交配，它把所有母狼都置于自己的监护之下，其他公狼只能靠边站，不得染指。"

"那就相当于皇帝。"我说，"中国的皇帝有三宫六院七十二妃，别人是碰不得的！"

"不过，"黑尔·安德逊博士含蓄地摇了摇头说，"与人间的皇帝不同的是，皇帝是终身制，死了以后传给儿子。但是，狼的统治者却不是终身制，其他公狼随时都在觊觎它的王位，一有机会，便会发起挑战，使用武力把它赶下台去。而且，头狼一旦下台，则降为平民，其地位往往连一个普通成员都不如。新的统治者，又会选出自己的所爱，建立起新的秩序。一朝天子一朝臣，这一点倒是与人类极为相似。"

"皇帝和头狼，"鲍尔·舍克先生指出说，"还有一点不同的是，有些皇帝，可以不理朝政，把国家大事交由大臣去处理，自己只管吃喝玩乐，花天酒地。但是，头狼绝不会这么干！"

"是的！"黑尔·安德逊博士深表赞同，望着院子里的狼群说，"狼的首领，必须担当起组织和指挥捕猎的重任。如果它懒怠，无能，很快就会被推翻，被新的头狼取而代之。"

"头狼不好当啊！"我感叹道。

"是的。"黑尔坐到了椅子上，挺直了腰板，说，"狼群捕猎，必须分工明确，配合默契！它们通常会选择一头离群的驯鹿或麝香牛，一般都是小的或年老体弱者，作为进攻的目标。狼群会从不同方向，悄悄包抄过去，靠近以后，再突然发起进攻。猎物如果逃走，狼群便会穷追不舍，而且往往分成几个梯队，轮换作战，以便保存体力。无论是驯鹿还是麝香牛，一旦被狼群选中，便会被死缠硬磨，很难逃脱。这就是为什么，人们总认为狼群特别残忍。当然，狼的嗥叫，特别是在深夜，也足以令人心惊胆战、毛骨悚然，这使狼的形象变得更加可怖。但是在北极，若从生态平衡的角度来看，狼也是不可缺少的一环，它们是驯鹿和麝香牛等大型食草动物的制约因素。"

"狼群确实非常残忍！"鲍尔·舍克先生听了黑尔·安德逊博士的话，觉得他有点为狼辩护的意思，神情严肃地说，"杰夫·卡罗尔，你认识，他专门追踪和研究驯鹿。他发现，狼群每年都会咬死大量的小驯鹿，却弃之荒野，并不吃！所以，狼群是残忍的。它们确实是驯鹿数量最重要的制约因素，当驯鹿多时，狼群就多，因为食物丰富。但是，狼群把大量的小驯鹿咬死，致使驯鹿的数量减少，驯鹿的数量减少以后，狼群找不到足够的食物，冬天就会冻饿而死。而狼群的数量减少之后，驯鹿的数量又会增加。如此循环往复，保持着一种动态平衡！"

"是的！"黑尔·安德逊博士点头表示同意。

"不过，"我笑了笑说，"黑尔·安德逊博士，你把这一家五口关在院子里，我猜它们是一家子，离开了大自然，与其他狼群分离，是不是也有点残忍？”

"是的！是的！你说得很对！"黑尔·安德逊博士点头称是，赶紧解释，"我是为了观察它们的行为，不超过三个月，就会把它们放回去。尽管在这里，我尽量避免与它们接触，但是时间长了，照样会影响它们的野性！"说着，他从书架上抽出来一本书，这是他刚出版的画册，里面有许多珍贵的资料。他翻开书说，"这里面所有的照片，你都可以使用！"然后签上了他的名字，把它送给了我。

我接过画册，与黑尔·安德逊博士紧紧握手。我对他谦逊的治学态度、严谨的科学精神、热诚无私的帮助，以及对于狼群执着的探索，表示由衷的敬佩！

我和北极熊的多次遭遇

虚惊一场

1991 年，住进巴罗北极科学实验室以后，我第一次出野外时，当地因纽特人哈利就告诉我说，去年有一个叫斯托克的因纽特小伙子，被北极熊吃掉了。我听后吓了一跳，但还是有点怀疑。哈利带着我，来到一栋房子前面，指着一张北极熊皮说："这就是吃人的那头北极熊的皮，它被猎人打死了。"我当时的心情非常复杂，既害怕被北极熊吃掉，又很想见识一下，这个被称为"北极之王"的庞然大物。

哈利带着我，进了野外用品仓库，挑选了一支猎枪，压上了子弹，像是要上战场似的。我有点不以为然，心想：哪有那么多北极熊？何必神经兮兮的呢？我一边想着，一边去开门，一抬头，只见门上赫然写着几个大字："你带好枪了吗？"我愣了一下，出了门后，关门，又看见门上还有一个大标语："你压好子弹了吗？"这才明白，哈利并不是小题大做，而是按照规定行事。

那天晚上，我们住在帐篷里。哈利围着帐篷，插了几根木杆，然后绕上一根白线，线离地面大约五十厘米，把整个帐篷圈了起来，还连上了一个警报器。哈利解释说："这是一个预警装置，北极熊一碰上这条线，电铃就会响起来。"睡觉的时候，他把猎枪放在伸手就能摸到的地方，笑着说："我们必须随时做好准备，北极熊不一定什么时候就会来拜访。"

那一夜，外面的风声时高时低，哈利的鼾声此起彼伏，我躺在睡袋里，身下就是冰雪，又冷又怕，怎么也睡不着。

后来，好不容易迷糊过去，突然铃声大作。我一骨碌爬了起来，伸手就去摸枪，却听到哈利在外面说："对不起，位博士！是我不小心碰到了警报器，不是北极熊，你就放心地睡吧！"

致命的遭遇

1993 年，为中国首次远征北极点科学考察做先期准备，我第二次进入北极。为了摸索在北冰洋上考察和生存的经验，我加入了一个美国科学考察小组，在北冰洋的冰盖上，生活和工作了两个星期，以观察鲸鱼的数量和迁移规律。

我们分住在两个帆布帐篷里。帐篷的门，是用拉链拉上的。一天早晨，我正在做饭，背对着帐篷门，忽然听到背后有动静，仿佛有人把帐篷的门拉开了。我以为是旁边帐篷里的美国人，便头也不回地说："请进！"但没有任何回应。我的心咯噔一下，知道糟了，因为如果是人，他肯定会说："早晨好！"我赶紧回头，只见一个大北极熊的脑袋，从外面伸了进来。帐篷里有枪，但我手里拿的是锅，如果放下锅再去拿枪，肯定来不及了。出于求生的本能，我毫不犹豫地跳了起来，大吼一声，举起锅，朝北极熊扣了过去。只听哐当一声，锅正好扣在了北极熊的鼻子上。我很幸运，北极熊全身都长着厚厚的毛发，如果扣在别的地方，根本烫不着它。北极熊被烫得往后一退，隔壁帐篷的美国人听到了我的喊声，赶紧跑了出来，开了两枪，把北极熊打倒在地。

看着躺在冰上痛苦挣扎的奄奄一息的北极熊，我觉得非常遗憾，心情非常矛盾，既为死里逃生而后怕，又为北极熊的死而惋惜。当然，我应该感谢我的美国朋友，是他们救了我一命。但是，我也在暗暗埋怨：为什么要打死它呢？放两声空枪把它吓跑不就行了吗？这时候，我想起了哈利的父亲老哈利，如果有他在，或许他可以和北极熊谈一谈。如果它只是饿了，或许给它一些肉吃，也就不至于让它遭此厄运了。

抓拍北极熊

1994 年，我和浙江电视台合作，组建了一个摄制组，奔赴北极拍纪录片。来到巴罗以后，摄制组非常希望能拍到北极熊的镜头，但一直杳无消息。就在即将离开的前一天傍晚，忽然传来消息说，一头北极熊正在海边散步。大家马上穿好衣服，全副武装，扛上机器，立即出发，开车直奔海滨。果然，一头身材魁梧的公熊，正威风凛凛地站在沙滩上东张西望，根本不把围观的人放在眼里。只见它那雪白的毛发，在阳光下熠熠生辉，仿佛是一个巨大的绒毛玩具。几个因纽特人拿着猎枪，正试图把它赶下水去。

摄像师阿鲁，急急忙忙地跳下车，扛起机器就往前跑，想好好拍一拍这头公熊，却被旁边的因纽特人一把拽住，他大声吼道："你不要命啦！它一巴掌就可以把你拍死！"

围观的人越来越多，北极熊却满不在乎，不慌不忙，转来转去，可能是想找点吃的。但是，它在陆地上，随时都可能制造危险。如果它兽性大发，突然猛扑过来，围观的人群根本躲避不及。几个猎人开了几枪，都是空枪。北极熊这才害怕了，一路小跑，扑通一声，跳进了海里，爬到一块浮冰上，它用力一抖，身上的海水飞散开来，变成了一阵细雨，映出了一道彩虹。

阿鲁把这些震撼的画面抓拍了下来，自豪地说："这是中国人第一次在北极拍到北极熊在野外的真实画面！"

与北极熊擦肩而过

1995 年，我率领中国首次远征北极点科学考察队，向北极点进军。在北冰洋的中心地区，冰天雪地，连只小虫子也没有，几乎看不到任何有生命的东西。但是有一天，我们却发现了一串清晰的北极熊的脚印，而且是刚刚踩出来的。队员们顿时紧张起来，议论纷纷，如临大敌。北冰洋上冰山林立，北极熊很容易藏身，不知它会躲在哪里，万一遇到北极熊，每个人都会有危险。我们只好集中围在雪橇附近，以便互相照应。在这种情况下，尤其要防止掉队，如果离开了队伍，孤立无援，后果不堪设想。

幸运的是，北极熊害怕爱斯基摩犬。如果被凶悍的爱斯基摩犬围住，北极熊就会难以招架，腹背受敌。古代的因纽特人没有枪，甚至连金属也没有，只有木棍，就是用爱斯基摩犬把北极熊围住，赶进水里去的。北极熊在水里挣扎，游起来很慢，很容易被制服。我们有两个狗队，共二十条爱斯基摩犬，可能是因为它们的叫声和气味，才使北极熊望而却步。

驱赶北极熊

1998 年，我和妻子来到了巴罗，第一次在北极越冬。刚刚放下行李，考察站的管理员本尼就跑来说："快！我带你们去看一样东西！"我们爬进他的汽车，一路往海边开去，在一栋房子旁停了下来。我们两个往前一看，吃了一惊，只见一头很大的北极熊，正趴在房子的门口。屋里的人战战兢兢地往外张望，都吓得不敢出来。我摇下车窗玻璃，举起照相机，探出身子，刚想拍照，北极熊突然站了起来，猛地向我扑了过来。幸好本尼经验丰富，早有准备，一踩油门，汽车蹿了出去。北极熊扑了个空，呼哧呼哧地喘着粗气，似乎非常愤怒。那是一头公熊，它的背部有一个洞，应该是枪击所致，导致它动作有些迟缓，朝我扑过来的速度比较慢。否则，它一巴掌打过来，我的脑袋准得开花。本尼吓出了一身冷汗，惊魂未定，心有余悸地说："多亏我没有熄火，你才捡回了一条命。"

北极熊进了村子，是很危险的，小孩子一出来，就会被它咬死。所以，大家的警惕性都很高，无论是谁看到了北极熊，都要通过无线电赶紧报告。野生生物管理部就会把北极熊赶出村子，本尼就是专门负责驱赶北极熊的。他从车里拿出了猎枪，对着北极熊砰砰打了两枪，都是空枪。北极熊吓了一跳，扭头往海边的方向跑去。本尼开着车，跟在它后面。

可是，北极熊跑着跑着，又慢了下来，溜溜达达，散步似的。看到了一堆沙子，它急忙走了上去，趴下，打起滚来，大概是在洗沙子浴。本尼不想陪着它消磨时间，又放了两枪。北极熊极不情愿地爬了起来，掉头往北走去。

"这就对啦！"本尼鼓励说，"请继续往北走，继续往北走！那里有吃的，是专门给你们准备的！"原来，因纽特人捕到鲸鱼以后，会把鲸鱼骨头，带着一些肉，放到巴罗角，吸引北极熊去吃，既可以让饥饿的北极熊吃饱肚子，也可以减少它们进村骚扰的次数。

我们开着车跟在后面。本尼为了让我们看得清楚一点，离北极熊很近，有时候只有几米。我的夫人是第一次近距离地观察北极熊，看到它的屁股圆圆的，尾巴小小的，走起路来一跩一跩的，觉得特别好玩。夫人笑着说："北极熊如果不咬人，该有多好啊！可以当宠物养起来。"

"是啊！"本尼指着前面的北极熊说，"哈利的爸爸老哈利，就养过两头北极熊。但是，动物毕竟是动物，后来长大了，巴罗的人都不敢出门了，老哈利只好把它们卖给旧金山动物园了！据说，很早很早以前，那时候还没有枪，有一个猎人，收养了一头受了伤的北极熊。后来，那头北极熊的伤好了。有一天，突然兽性大发，把那个猎人活活咬死，吃掉了！"

122

正说着，车前的北极熊突然发起怒来，回过头来，向着汽车扑了过来，狠狠地咬住了轮胎。本尼一按喇叭，把它吓了一跳，它急忙松开口，转身往前跑去。

看着它仓皇逃窜的样子，我们三个都笑了。

"北京饭店"历险记

2002 年，我和妻子第二次来到北极越冬，住在一座孤零零的小木屋里，我给它起了一个好听的名字——"北京饭店"。从门口望出去，就是茫茫的北冰洋，离海边不到两百米。因纽特朋友开玩笑说："你们两个，是居住在北美大陆最北的一对夫妻。"

10 月 10 日，夜里下了一场大雪。早晨起来一看，门口的雪地上，有一串深深的北极熊脚印，在我们门前走来走去。秀荣把两只脚，站在一个脚印里还占不满，显然是一头很大的公熊。我们并没有害怕，还觉得挺有趣。

本尼刚上班，一看到地上的北极熊脚印，大惊失色，深深地倒吸了一口冷气。"嚯！这是一头很大的公熊！"他瞠目结舌地说，"它闻到你们的气味了！幸好你们睡着了。如果你们醒了，听到外面有动静，打开门看，就正中北极熊的下怀，它会一下子扑过来，把你们两个堵在里面，一个也跑不了！"

"它为什么没有来扑我们的门呢？"秀荣问道。

"那是因为，"本尼指着地上的脚印说，"那里有一个仓库，储存着许多鲸肉，你们身上的气味，肯定没有鲸肉的气味大，鲸肉把北极熊吸引过去了！仓库的木门，又厚又大，比你们这个门牢固多啦！它一下子就把那个木门拍碎了！我巡逻到仓库，把它赶跑了。你们必须马上搬家，搬到实验室去住！不能在这里住了！你们睡在这里，我会睡不着觉的！"

听本尼这么一说，我们看着地上的北极熊脚印，不禁心惊肉跳,张口结舌,暗暗庆幸。"北京饭店"只有一个门,又小又薄又窄,而且没有锁,北极熊只要轻轻一推就开了。屋里没有枪,周围也没有人,如果北极熊真的进来,我们两个想跑也跑不出去,只能坐以待毙。

"幸好我们睡着了,没有听到它的动静。"我侥幸地说,"如果我们发觉外面有声音,肯定会开门看一看,那样的话……"

本尼笑着说:"那样的话,你就只好说'你好,请进,北极熊先生!'"

就这样,我们与北极熊不期而遇,却又擦肩而过。

北极熊的来龙去脉

北极熊是北极最大的食肉动物,高高在上,站在食物链的顶端,连人类也不放在眼里,所以被称为"北极之王"。

但是，如果从生态平衡的角度来分析，你也许会提出这样的问题：既然狼群的捕获目标，已经是驯鹿和麝香牛等最大的食草动物，那么北极熊吃什么呢？它们在生态平衡中有什么作用呢？岂不是多余的？仅从陆地上来看，北极熊的存在，确实有点多余，如果这种庞然大物也在草原上逛来逛去，不仅会对本来就为数不多的驯鹿和麝香牛等造成巨大的威胁，也会与狼群争食，使狼群陷入挨饿的境地。

然而，大自然自有巧安排，北极熊主要生活在北冰洋的大冰盖上，那里有大量海象和海豹。于是，北极熊找到了用武之地。巨大的北极熊，身长可达三米，体重可达八百千克，一次就要吃四五十千克的东西，陆地上哪有那么多东西供它们享用呢？正好，大量的海象和海豹，为它们提供了丰富的食物。

物竞天择，适者生存。既然生活在海上，就要学会游泳，北极熊个个都是游泳健将，在北冰洋冰冷刺骨的海水里，可以自由自在地连续畅游几十甚至几百千米。与其他熊类不同的是，北极熊不会完全冬眠，只是局部冬眠，即维持似睡非睡的状态，一旦遇到紧急情况便可立即惊醒，应付变故。母熊通常是躲在自己掏出的雪洞里喂养自己的孩子，有时候一睡就是好几天。

北极熊每年在三四月份交配。但是，受精卵却储存在输卵管中并不发育，直到秋天才进入子宫开始成长，年底出生，这是所有熊科动物特有的生育方式，幼崽只有几百克重。但是，小熊生长得非常快，这是因为北极熊母乳的脂肪含量达30%以上，是任何其他食肉动物所无法比拟的。小熊需要两三年的时间才能独立，在此之前，它要与母熊生活在一起，学习捕食和生存。雄性小熊一般比雌性小熊离开母熊的时间要早一些。公熊只负责交配，根本不负责喂养孩子。不仅如此，当它饥饿的时候，看到自己的孩子，照样会把它吃掉。

北极熊是真正的食肉动物，在它们的食谱中，找不到任何植物。这也是环境所迫，因为在茫茫的冰原上，甚至连苔藓和地衣也无法生长，哪有植物可以吃呢？夏天，它们的日子要好过一些，可以捕捉鸟类，捡食鸟蛋，捞鱼摸虾，偶然走到陆地上，还可以抓几只旅鼠当点心吃。但是，这些东西都太小，很难吃饱肚子。北极熊的主食是海豹，以环海豹为主。这种海豹的身上，有着四条白色环纹。环海豹分布很广，直到北极点附近都可以找到。

北极熊要抓到海豹并不容易，因为海豹的警惕性很高，不容易接近。但是，海豹是哺乳类动物，它们潜到水里以后，过一段就要上来呼吸。所以，它们在冰上啃出了许多呼吸孔。北极熊则会在呼吸孔旁边等候，它们通常都是站在海豹呼吸孔的下风向，以免自己的气味将海豹吓跑。它们总是全神贯注，一动不动，耐心等上几个小时，海豹脑袋一露出来，便会闪电般地一口咬住，将其拖出来，饱餐一顿。

北极熊总是单独行动，它们也许是地球上最孤独的动物。它们虽然主要生活在北冰洋的冰盖上，却要到陆地上来繁殖，所以还是陆地动物。

化石研究表明，北极熊大约是在距今六十万年之前，与它们最近的亲族棕熊分道扬镳，成为独立物种。那时候，它们的祖先常常进入北极地区寻找食物，久而久之，为适应环境，基因发生了突变，毛发变成了白色，这不仅提高了它们的抗寒能力，还增加了隐蔽性，让它们更容易在北极生存下来。于是就产生了一个新的物种。

伯格曼法则的模特

生物学家伯格曼在实际观察中发现，同一物种，越在寒冷的地区，个体就会越大，在生物学上叫"伯格曼法则"。对于这种现象，其物理机制的解释是，个体越大，散热越慢，越容易保暖。例如，一碗开水，要比一桶开水凉得快得多。北极熊就是一个很好的例子，它们是熊科动物中个体最大的，比生活在热带的马来熊体形要大得多。

不仅如此，生物学家艾伦发现，同一物种，越在寒冷地区，不仅个体越大，而且附肢越小，趋近于圆形，这叫作"艾伦推论"。例如，北极熊的耳朵和尾巴都很小，四肢粗短，身体圆滚滚的，这样可以减少热量的散发。所以可以说，北极熊是伯格曼法则和艾伦推论的模特。

北极熊的毛是中空的，像一根根细细的管子，这样既减轻了重量，又增强了保暖性，而且在游泳时，还增加了浮力。所以，北极熊个个都是游泳健将。为了能捕到海豹，北极熊练就了一身好本事。据观察，它们在扑向猎物时的瞬时速度，可以达到每小时两百千米，而且牙齿尖锐，力大无比，弯弯的爪子，像锋利的铁钩子，猎物一旦被逮住，是很难逃脱的。

但是，有其利必有其弊。有一年，美国圣地亚哥动物园里的北极熊突然都变成了绿色。人们纷纷涌去参观，以为北极熊真变成了服装模特。后来研究发现，原来是一种绿藻钻进了北极熊毛发的管子里大量繁殖的缘故。

北极熊的未来

在古代，由于捕猎技术落后，生产力低下，因纽特人的生存条件非常艰苦。传说，有些年老体衰或者因生病、残疾而失去捕猎能力的人，为了减轻家人的负担，会选择离家出走，到一个北极熊经常出没的地方，让北极熊吃掉。他们认为，吃饱了肚子的北极熊，会繁殖更多的后代。这样，他们的后代，就可以打到更多的北极熊了。我走访过许多因纽特老人，他们对这样的传说大多三缄其口。因为，这样的传说，听起来非常可怕，而且残酷。但是，我小的时候，祖母不止一次地告诉我说，在古代，人到老了，不中用啦，大约是60岁，就要吃一顿好的，穿上寿衣，拉出去烧了。所以我相信，世界上所有的民族，可能都经历过这样的历史时期。

在北极的生态系统中，北极熊处在最顶端，几乎没有天敌。古代的因纽特人，只能靠手持梭镖或者木棍，去和这种庞然大物搏斗，胜算的概率是很低的，微乎其微。所以，北极熊才被称为"北极之王"。在因纽特人的传说中，有许多关于北极熊的故事。实际上，北极熊不仅是因纽特人极为难得的猎物，也是检验一个猎人的狩猎技巧和勇敢程度的试金石。

现在，因纽特人的生活已经非常现代化了。他们有雪上摩托，有汽车，甚至还有飞机。这些现代化的狩猎工具，让他们与北极熊的关系发生了根本性的逆转，他们可以很容易地置北极熊于死地。但是，北极熊并不明白这一点。面对人类的立体战争，它们仍然独来独往，我行我素，所以种群的数量越来越少，据估计，现在只剩下两三万头北极熊了。再加上环境污染，栖息地被占，它们的处境更是岌岌可危，几乎到了灭绝的边缘。

不知道是巧合，还是另有原因，2000 年，阿拉斯加北冰洋沿岸的北极熊出现了一种怪现象：在巴罗地区看到的都是公熊，而在几百千米之外的一个小村子，人们看到的，则是大批带着孩子的母熊。当地的因纽特人开玩笑说："北极熊正在闹分居，可能是对人类的捕杀表示抗议。"

现在，北极熊已经成了保护对象，不到万不得已，因纽特人也不猎杀它们。有时候，北极熊来到村子里，猎人们便会放空枪把它们赶出去。但是，据说在其他地方，盗猎的事件还时有发生。北极熊能否在地球上继续生存下去，全靠人类的理性和良知。

当然，当我们以旁观者的身份审视地球两极独特的生态系统时，不要忘记人类的因素。虽然南极没有土著居民，只有来此短期考察的科学家，而北极的土著居民的数量也是非常有限的，北极是世界上人口密度最小的地区。但是，人类仍然是握有两极生态系统生杀大权的高级生物。无论是南极好奇而友好的企鹅,还是北极凶猛而残忍的北极熊;也无论是南极的磷虾,还是北极的旅鼠;它们的命运,实际上都握在人类的手里。两极的生态系统是非常脆弱的,修复的周期也非常漫长。例如,一片巴掌大的地衣,可能有一万年的生长期。如果两极的生态遭到破坏,例如冰川融化海平面上升,这样的后果对人类将是灾难性的。因此,我们必须关心两极,了解两极,研究两极,保护两极。

保护两极,也就是保护人类自己。